Fritz J. Krüger

Geologie und Paläontologie: Niedersachsen zwischen Harz und Heide

Exkursionen
ins Mesozoikum Nordwestdeutschlands

Gondrom

Mit 120 Farbfotos, 46 Schwarzweiß-Fotos, 27 Kartenskizzen und 154 Zeichnungen. Wenn nicht anders angegeben, stammen die Fotos von H. Kolle, die Zeichnungen von F. J. Krüger; die Karten und 2 stratigraphische Tabellen hat H.-H. Kropf angefertigt.

Umschlaggestaltung von Edgar Dambacher unter Verwendung zweier Aufnahmen von H. Kolle. Die Bilder zeigen *Stereocidaris sp.* mit Primär- und einzelnen Sekundärstacheln aus der Kalkmergelgrube Wunstorf (Durchmesser der Corona 3 cm) und Geländearbeiten an der Nordwand derselben Grube.

Vorsatz: Frontispiz in SCHEUCHZERS Katalog seines Museums (1716).

S. 2: *Ceratites cf. nodosus* (BRUGUIERE) mit gut erhaltenen Lobenlinien. Ob. Muschelkalk, Ceratitenschichten von Schöningen/Elm; Durchmesser 6 cm. Slg. und Foto O. Rummel.

Meiner Mutter
in Dankbarkeit gewidmet

Sonderausgabe für Gondrom Verlag GmbH & Co. KG, Bindlach 1993
© 1983 Franckh-Kosmos Verlags-GmbH & Co., Stuttgart
ISBN 3-8112-1054-8

Geologie und Paläontologie: Niedersachsen zwischen Harz und Heide

Vorwort

Das Erdmittelalter ist im nordwestdeutschen Raum in bemerkenswerter Vollständigkeit vertreten und, was für den Freund der Geologie besonders wichtig ist, auch aufgeschlossen. Schwerpunkt der im folgenden beschriebenen geologisch-paläontologischen Exkursionen ist das Gebiet Braunschweig–Hannover, „zwischen Harz und Heide"; Ziele auch außerhalb der engeren Region (Helgoland, Hemmoor, Sachsenhagen) ergänzen sie in sinnvoller Weise.

Die Auswahl der Aufschlüsse soll nicht nur Einblicke in die Erdgeschichte der Region ermöglichen, sondern auch die großräumigen geologischen Abläufe in Nordeuropa verdeutlichen. Als „Modell" werden für jede Stufe oder Unterstufe des Mesozoikums ein oder zwei leicht zugängliche bzw. bedeutende Aufschlüsse vorgestellt; Kartenskizzen, Schichtprofile, Fossilzeichnungen und viele Fotos lassen die geographischen und geologisch-paläontologischen Gegebenheiten „sichtbar" werden. Zusätzlich sind weitere Aufschlüsse genannt, und in vielen Kapiteln werden Themen aufgegriffen, die jeden Sammler interessieren: etwa die Herstellung von Lackfilmen, die Konservierung von Pyritfossilien u. a.

Jeder Aufschluß besteht nur während einer begrenzten Zeit. Doch behalten die hier gegebenen Informationen unabhängig von den Verhältnissen vor Ort ihren Wert, denn die Angaben zu Lithologie, Stratigraphie und Paläontologie lassen sich häufig auf neue Aufschlüsse übertragen.

Die detaillierten Fossillisten, die jedem Kapitel beigegeben sind, sollen dem Sammler eine erste Hilfe bei der Bestimmung seiner Funde

sein. Nicht in jedem Fall konnte der vollständige Fossilname – mit dem Autor und der Jahreszahl der Erstbeschreibung – festgestellt werden, zumal diese Angaben selbst in den zitierten Originalarbeiten nicht immer enthalten sind.

Die stratigraphischen Bezeichnungen der Stufen und Unterstufen sind von geographischen Namen abgeleitet (z. B. Maastricht). Um Verwechslungen zu vermeiden, haben VOIGT und RICHTER Anfang der 50er Jahre vorgeschlagen, der stratigraphischen Bezeichnung die Endung -ium hinzuzufügen (z. B. Maastrichtium). Bisher hat sich diese Schreibweise nicht generell durchgesetzt; auch hier wird auf das -ium verzichtet, da im konkreten Fall durchaus erkennbar ist, was gemeint ist.

Ein Exkursionsführer wie der vorliegende sieht seine Aufgabe in der Vermittlung zwischen wissenschaftlicher Forschung und dem Bedürfnis des Sammlers nach ausgewählter, doch zuverlässiger und detaillierter Information. Das verpflichtet zu einer auch für den Amateur verständlichen Darstellung, die gleichzeitig so reichhaltig ist, daß sie auch dem Kundigen noch etwas sagt.

Geschrieben wurde dieses Buch im Bewußtsein des Konflikts zwischen allgemeinem und privatem Interesse – das betrifft das Verhältnis von Sammler und Wissenschaft wie das Verhalten des Sammlers im Aufschluß. Wenn wissenschaftliche Institutionen gesetzliche Maßnahmen zur „Übereignung" der Funde verlangen, werden sie verständlicherweise kaum positive Resonanz bei den Sammlern finden. Andererseits sollte es bei gegenseitigem Verständnis möglich sein, zwischen Hobbyforschern und professioneller Wissenschaft eine Basis zu gemeinsamer Arbeit zu finden. Dazu gehört, daß die Funde aus privaten Sammlungen der Forschung zugänglich gemacht werden, um so mehr, als Fossilien mit modernen Techniken so gut reproduzierbar sind, daß der Paläontologe mit den Repliken arbeiten kann.

Es wird zunehmend schwieriger, die Erlaubnis zum Betreten einer Grube oder eines Steinbruchs und zum Sammeln zu erhalten; manche Firmen geben sie prinzipiell nicht mehr: Nichtbeachten der Anweisungen des Werkspersonals, Vernachlässigung elementarer und selbstverständlicher Sicherheitsvorkehrungen und Störung des Abbaubetriebs sind die wichtigsten Gründe. Dazu kommt der Raubbau aus kommerziellen Gründen, unter dem besonders die frei zugänglichen Aufschlüsse leiden. Eine allgemeine Verurteilung des Sammelns, die Geheimhaltung oder Schließung guter Fundstellen wären keine Lösung: die Ausbeutung durch einzelne mit allen negativen Folgen würde dadurch sogar erst richtig „angeheizt". Viel wichtiger ist die Mobilisierung aller positiven Einflußmöglichkeiten und – auf der anderen Seite – die Anstrengung jedes einzelnen Sammlers, sich so zu verhalten, daß sein Hobby nicht zur Gefahr für ihn und andere wird und daß sein Hobby auch eines für viele andere bleibt.

Dokumente und Denkmäler der Erdgeschichte zu bewahren, ist im Zusammenhang mit der Erhaltung der Natur im weitesten Sinn die Aufgabe des Sammlers. Nur vor diesem Hintergrund ist es sinnvoll, das Fossiliensammeln – u. a. durch Bücher wie das vorliegende – zu fördern.

Die Darstellung der Aufschlüsse basiert auf neueren und neuesten Ergebnissen der wissenschaftlichen Forschung. Von 1973 bis 1978 hatte ich Gelegenheit, unter der Leitung von Prof. Dr. Gundolf ERNST an dem Vorhaben „Geologische Korrelationsforschung" und am Projekt „Mid-Cretaceous Events" der Deutschen Forschungsgemeinschaft mitzuarbeiten. Für diese produktive Zeit danke ich Prof. ERNST und allen Mitarbeitern, besonders meinem Freund H. KOLLE, der mich mit seiner ausgezeichneten Literaturkenntnis und seinem fotografischen Können stets unterstützt hat, sowie Dipl.-Geogr. G. KLISCHIES, Dipl.-Geol. C. SCHUMACHER und Dr. E. SEIBERTZ. Weiterhin zu danken habe ich für die Bereitstellung von Fundstücken H. HENNEBERG, H. KOLLE, J. RUDAUD, K.-H. PETERS, G. SCHMIDT, J. WEIDEMANN; für Bestimmungshilfe H. HÖLDER, R. FÖRSTER, E. VOIGT, R. WILD und W. ZESSIN; für die Überlassung von Fotos F. ERNST, G. ERNST, P. ESPENHAHN, O. KLAGES, G. KLISCHIES, M. KUTSCHER und O. RUMMEL; für die Erlaubnis zum Nachdruck von Zeichnungen R. E. BROMLEY, G. ERNST, H. HAGDORN, A. G. HERRMANN, E. KEMPER, S. KORITSCHNIG, F. SCHMIDT, P. SCHMIDT-THOMÉ, E. SEIBERTZ, F. SYRLIK, J. VANG und J. WINCIERZ; für die Beschaffung von Literatur P. OSTERHOLT.

Fritz J. Krüger

Im Text verwendete **Abkürzungen**: *Stbr.* Steinbruch; *Zgl.* Ziegelei; *N, S, W, E* Norden, Süden, Westen, Osten (nach dem in der Geologie üblichen englischen *East*), bzw. nördlich usw.

Einführung: Das Mesozoikum in Süd-Niedersachsen

Das *Erdmittelalter* oder *Mesozoikum* repräsentiert das Mittelalter der Lebensentwicklung auf der Erde. Geologisch gehören dazu die Erdformationen Trias, Jura und Kreide.

Das Niedersächsische Bergland wird aus mesozoischen Sedimentgesteinen aufgebaut. Es sind Flachmeerablagerungen, die in einem breiten Küstensaum entstanden sind, der einem südlich des Harzes gelegenen Festland vorgelagert war. Bei der Sedimentation spielten klimatische und tektonische, besonders salztektonische Vorgänge eine große Rolle. Die Geländeformen sind wesentlich vom geologischen Untergrund geprägt. Viele Bergzüge sind in herzynischer Streichrichtung, d. h. von NW nach SE, angelegt. („Herzynisch" ist abgeleitet von *hercynia silva,* dem antiken Namen für die deutschen Mittelgebirge. In der Geologie wird der Ausdruck besonders für den Harz benutzt, z. B. „subherzynes Becken", bezeichnet aber im allgemeinen SE-NW-Streichrichtungen.) Diese sowie rheinisch gerichtete Zerrungsgräben sind die beherrschenden Elemente des Niedersächsischen Berglandes.

Im W gehen die Höhenzüge über in das flache Münstersche Kreidebecken. Etwa auf der Linie Osnabrück—Hannover—Braunschweig taucht das Niedersächsische Bergland nach Norden unter das Norddeutsche Flachland.

Abb. 0.1. Übersichtskarte der Aufschlüsse (ohne Helgoland und Hemmoor). Die Ziffer im Kreis entspricht der Nummer des Kapitels.

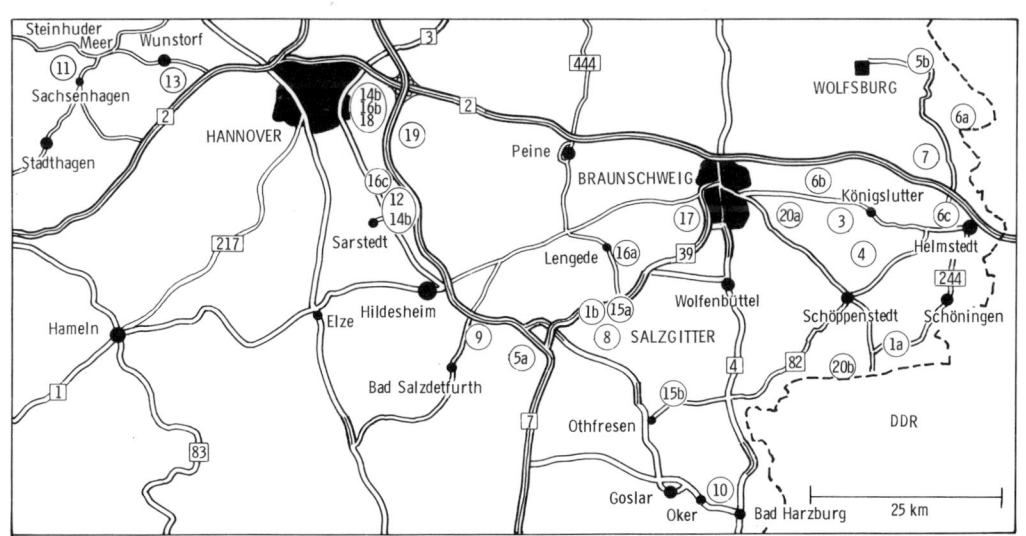

Geologische Zeittafel

Zeitalter Ära	Formation und Abteilung		Stufe	Zeiten in Mill. Jahren		Tierwelt	Pflanzenwelt
Erd-Neuzeit = **Neo-zoikum**	**Quartär**	Jung	Holozän	0,02		Mammut, Wollhaarnashorn, Rentier, Waldelefant	Kaltsteppenpflanzen
			Pleistozän	1	Vorherrschen der Säugetiere (Mammalia)		
	Tertiär		Pliozän, Miozän, Oligozän, Eozän, Paleozän, Dan	Dauer 50–60		reiche Entfaltung der Säugetiere und Vögel	warmgemäßigte Flora subtropisch-tropische Flora (Palmen etc.)
		Alt		60			
Erd-Mittelalter = **Meso-zoikum**	**Kreide**	Ober	Maastricht, Campan, Santon, Coniac — Senon; Emscher; Turon, Cenoman	Dauer	Vorherrschen der Kriechtiere (Reptilien)	Aussterben der Dinosaurier, Ammoniten und Belemniten	rasche Entfaltung der höheren Blütenpflanzen (Angiospermen)
		Unter	Alb, Apt — Gault; Barrême, Hauterive, Valangin, Wealden — Neokom	75			
				135			
	Jura		Malm, Dogger, Lias	Dauer 45		erste Vögel, erste Knochenfische	reiche Entfaltung der Gymnospermen, bes. Nadelhölzer
				180			
	Trias		Keuper, Muschelkalk, Buntsandstein	Dauer 40		erste Säugetiere	Vorherrschen der Gymnospermen (Nacktsamer)
				220			

← Belemniten

10

Erdzeitalter	Formation		Stufe	Alter / Dauer (Mio. Jahre)	Vorherrschen	Tierwelt	Pflanzenwelt
Erdaltertum = Paläozoikum	Perm	Ober / Unter	Zechstein / Rotliegendes	220 – Dauer 60 – 280	Vorherrschen der Lurche (Amphibien)	Aussterben der Trilobiten, Blütezeit der Panzerlurche	Entfaltung der Gymnospermen
	Karbon	Ober / Unter	Stephan, Westfal, Namur, Visé, Tournai	280 – Dauer 65 – 345		erste geflügelte Insekten	reiche Entfaltung der Kryptogamen (blütenlose Pflanzen) Siegelbäume, Schuppenb. Farne, Schachtelhalme
	Devon	Ober / Mittel / Unter	Famenne, Frasne, Givet, Eifel, Ems, Siegen, Gedinne	345 – Dauer 60 – 405	Vorherrschen der Fische	erste Vierfüßler, älteste Insekten, zahlreiche Fische	Psilophyten (Nacktpflanzen), erste Landpflanzen
	Silur		Ludlow, Wenlock, Llandovery	405 – Dauer 20 – 425		erste Wirbeltiere (Panzerfische)	
	Ordovizium		Ashgill, Caradoc, Llandeilo, Arenig, Tremadoc	425 – Dauer 75 – 500	Vorherrschen der Trilobiten	Graptolithen	primitive Algenvorkommen
	Kambrium		Ober, Mittel, Unter	500 – Dauer 100 – 600		nur wirbellose Meerestiere bekannt	
Präkambrium	Proterozoikum		Oberes, Mittleres, Unteres	600 – 1900 – 2500	Beginn des Lebens	wirbellose Meerestiere	primitive Algen?
	Archaikum			2100 — 4600 vermutliches Alter der Erde			

Ammoniten →

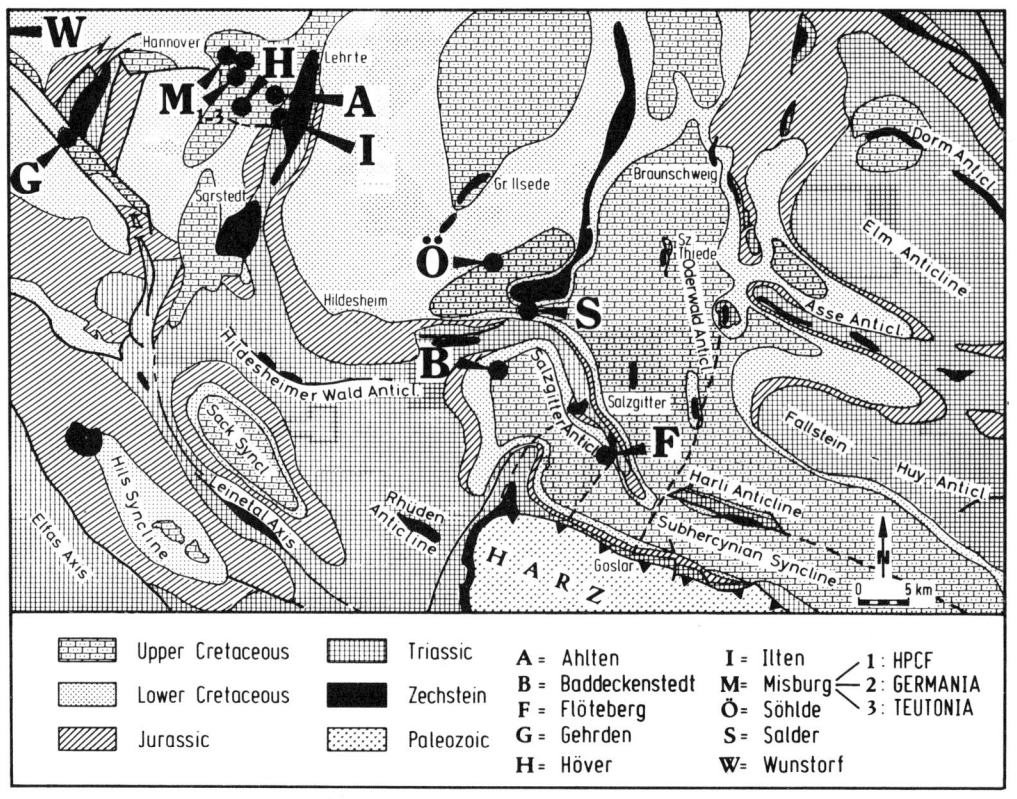

Upper Cretaceous	Triassic	A = Ahlten	I = Ilten	1: HPCF
Lower Cretaceous	Zechstein	B = Baddeckenstedt	M= Misburg	2: GERMANIA
Jurassic	Paleozoic	F = Flöteberg	Ö= Söhlde	3: TEUTONIA
		G = Gehrden	S = Salder	
		H= Höver	W= Wunstorf	

Abb. 0.2. Geologische Übersichtskarte von SE-Niedersachsen mit wichtigen Oberkreide-Aufschlüssen (nach ERNST & SCHMID 1980). *Anticline* Sattel; *Syncline* Mulde; *Axis* Achse; *Upper Cretaceous* Oberkreide; *Lower C.* Unterkreide; *Jurassic* Jura; *Triassic* Trias; *Paleozoic* Paläozoikum.

Die Mächtigkeit der sie bedeckenden quartären Deckschichten nehmen in Richtung auf die Mittelgebirge ab. Das Quartär besteht aus Abtragungsprodukten tertiärer bis paläozoischer Gesteine. Durch Eis- und Wassertransport kam es aus Skandinavien oder aus den nahen Mittelgebirgen (Kap. 20).
Der Untergrund des Norddeutschen Flachlandes ist vielfach durch salztektonische Vorgänge aufgewölbt oder emporgeschleppt worden. So ist der „Kalkberg" von Bad Segeberg entstanden, der aus Zechstein-Anhydrit und -Gips besteht, die bis an die Oberfläche ausstreichenden Schreibkreidevorkommen von Lägerdorf (Schleswig-Holstein) und Hemmoor bei Stade (Kap. 19) und die Insel Helgoland (Kap. 2), um nur einige zu nennen.
Mindestens seit dem Jura wurden die ursprünglich flach gelagerten Schichten durch Störungen und Verwerfungen, hauptsächlich durch den Salzaufstieg im Untergrund verursacht, zerbrochen. Das daraus entstandene Bruchfaltengebirge ist im Niedersächsischen

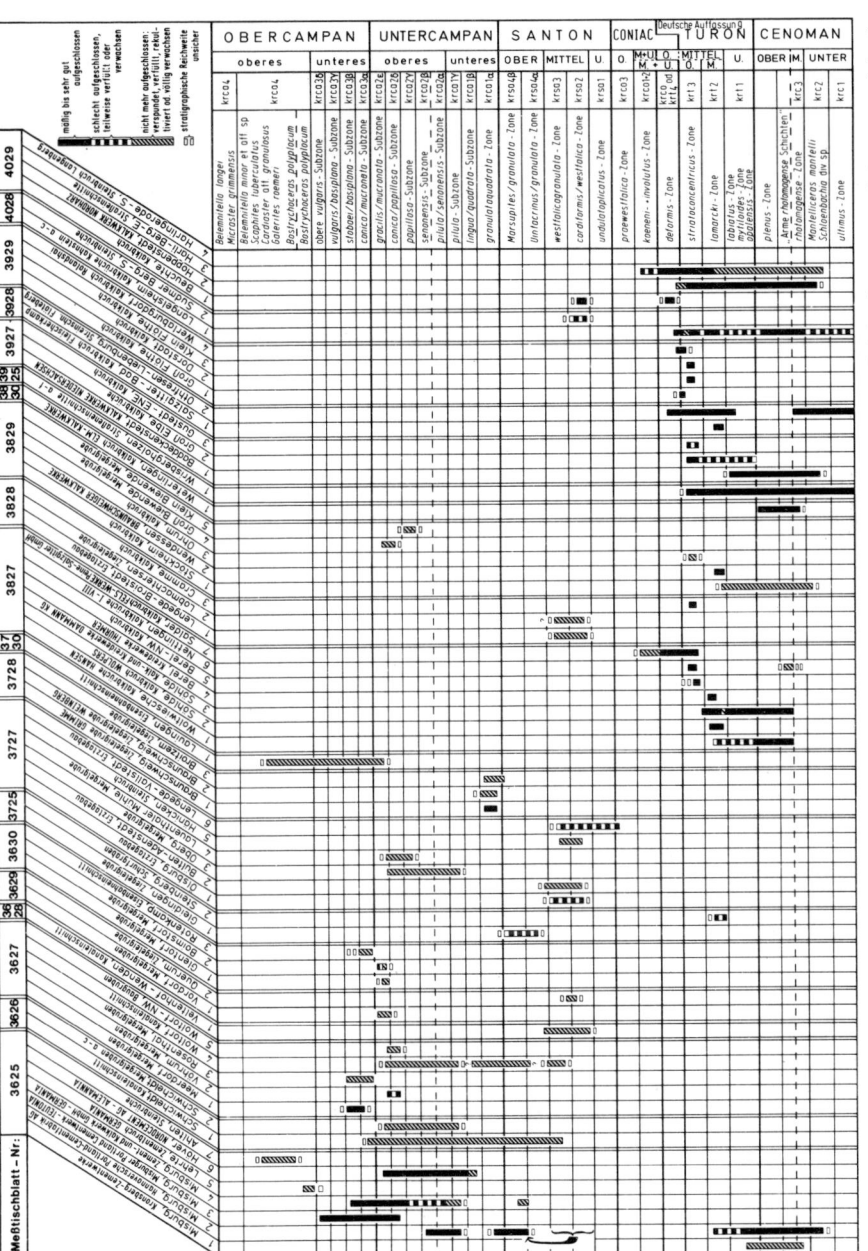

Abb. 0.3 (oben). Stratigraphische Reichweite und Aufschlußverhältnisse von Oberkreide-Vorkommen (nach ERNST, SCHMID & KLISCHIES 1979).

Abb. 0.4 (S. 14). Biostratigraphisches Korrelationsschema für die Oberkreide des Raumes Braunschweig–Hannover (nach ERNST, SCHMID & KLISCHIES 1979). *Stages/Subst.* Stufen/Unterstufen; *stratigraphic range in the area* stratigraphische Reichweite im Raum; *str. r. as reported ... in der Lite-*ratur genannte stratigraphische Reichweite; *supposed str. r.* vermutete str. R.; *no record in the area* im Raum ... nicht nachgewiesen.

Abb. 0.5 (S. 15). Stratigraphische Reichweiten und Häufigkeiten irregulärer Echiniden aus dem Campan von Höver, Misburg und Ahlten (nach ERNST & SCHMID 1980).

13

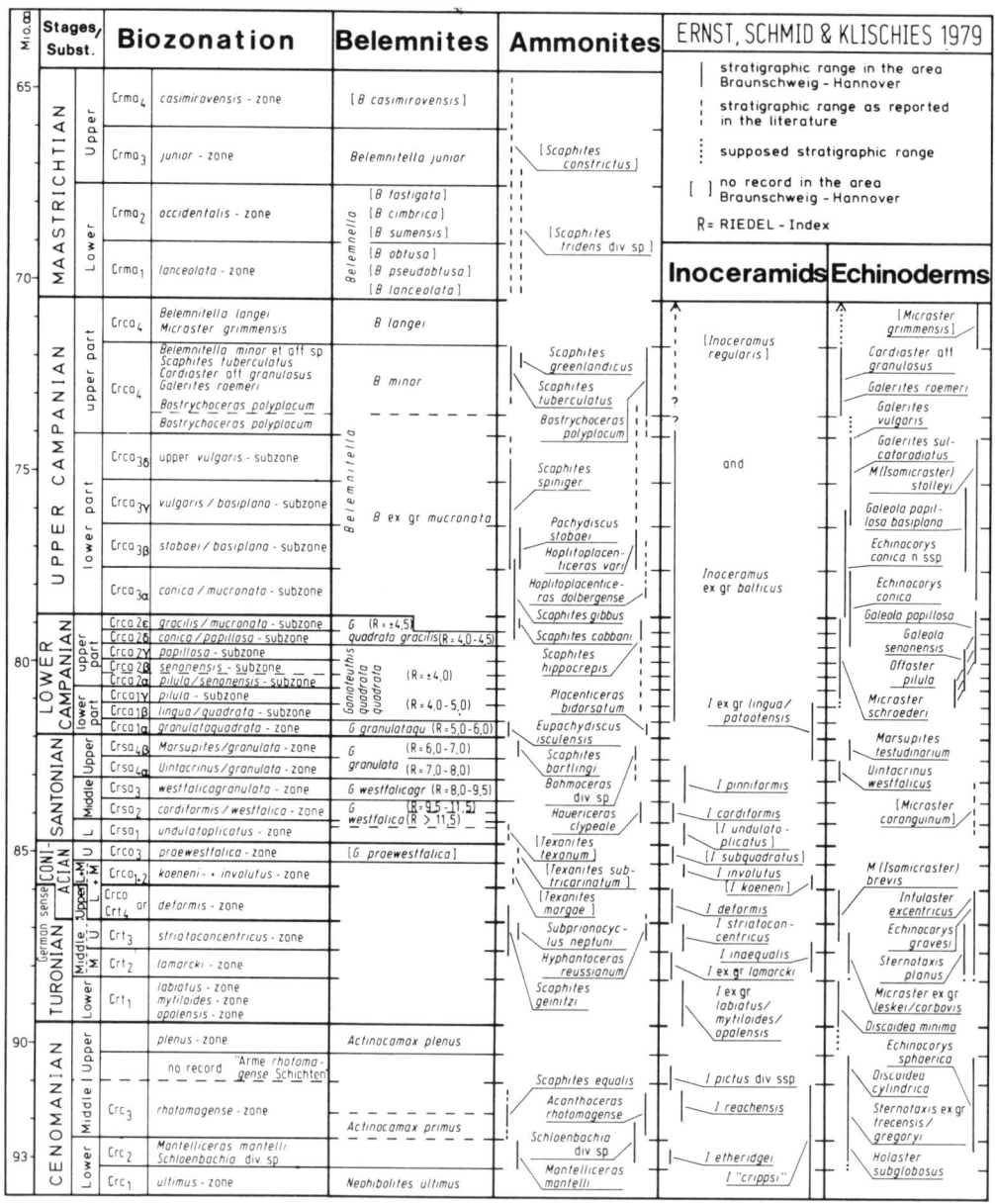

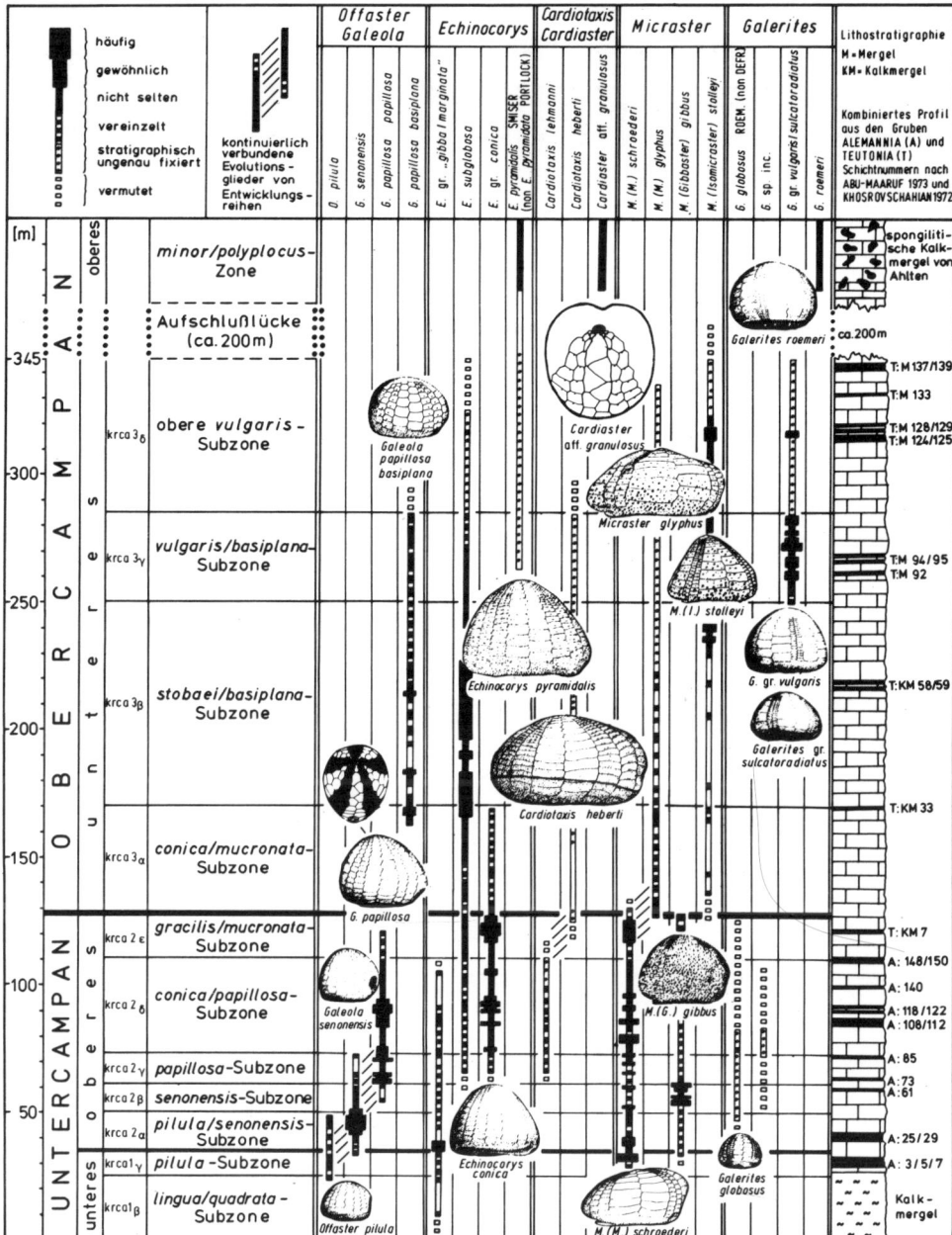

15

MESOZOIKUM DER UMGEBUNG BRAUNSCHWEIGS

FORM	ABT.	U.ABT.	STUFE	LITHOSTRATIGRAPHIE
KREIDE	OBER		Maastricht	
			Campan	Peiner Phase
			Santon	Wernigeroder Phase
			Coniac	Fe Ilsede / Ilseder Phase *(subherzyne)*
			Turon	"Pläner"
			Cenoman	
	UNTER		Alb = Gault	Flammenmergel / Minimuston / Hilssandstein
			Apt	Hilston
			Barrême	Osning Sdst.
			Hauterive — Neokom	Fe Salzgitter
			Valendis	Hils Phase / Wealden Sdst. + Ton *(jungkimmerische)*
JURA	MALM		Portland	Serpulit / Osterwald Phase — Münder Mergel / Einbeckhäuser Plattenkalk
			Kimmeridge	ζ Gigasschichten / ε Völkser Kgl. / δ Deister Phase — γ Fe Weser / β Korallenoolith / α Heersumer Schichten
			Oxford	
	DOGGER		Callovien	ζ Ornatenton / ε Porta Sdst. / Cornbrash / δ
			Bathonien	
			Bajocien	γ / β Polyplokus Sdst.
			Aalenien	α Opalinuston
	LIAS		Toarcien	ζ Dörntener Schiefer / ε Posidonienschiefer / δ Amaltheenton
			Pliensbachien	γ Fe Rottorf
			Sinemurien	β
			Hettangien	α Fe Harzburg

16

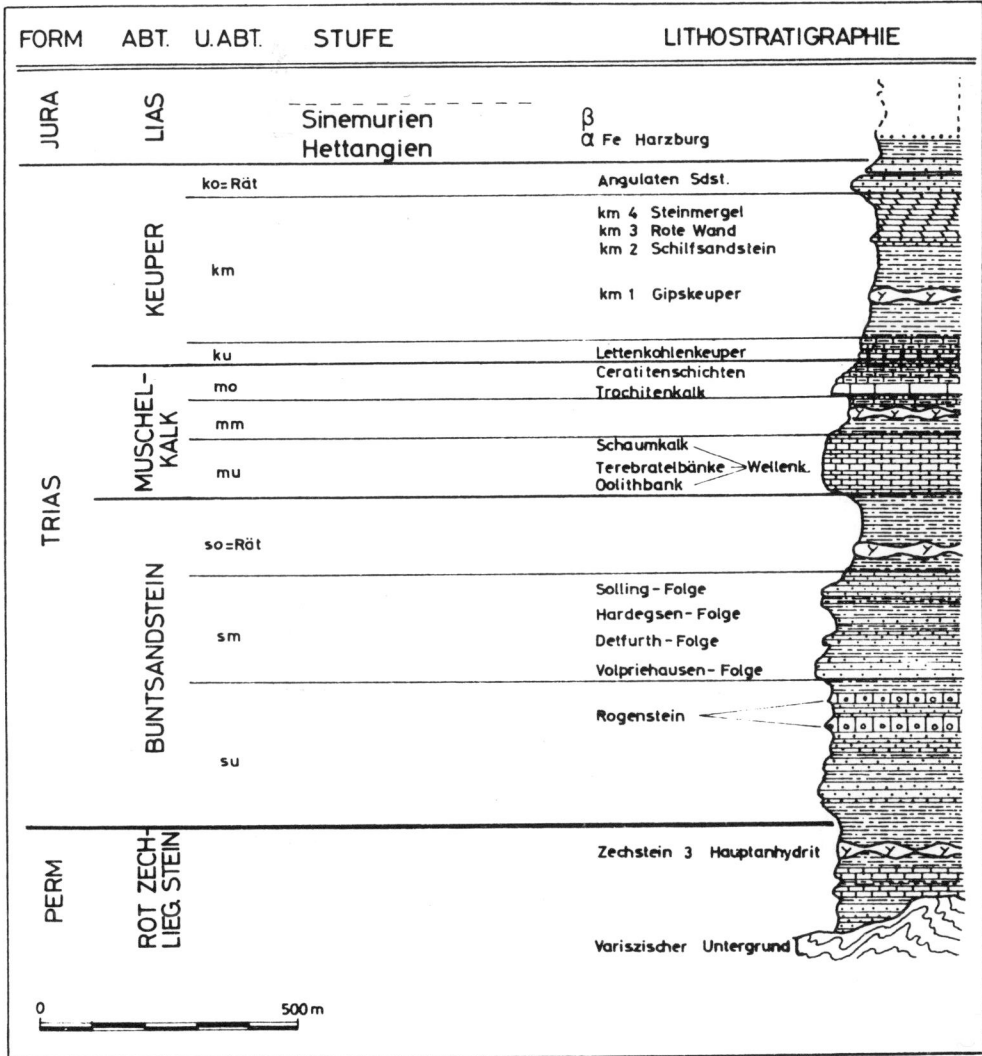

FORM	ABT.	U.ABT.	STUFE	LITHOSTRATIGRAPHIE

Sinemurien
Hettangien

β
α Fe Harzburg

ko=Rät   Angulaten Sdst.

km 4   Steinmergel
km 3   Rote Wand
km 2   Schilfsandstein

km 1   Gipskeuper

ku   Lettenkohlenkeuper
mo   Ceratitenschichten
       Trochitenkalk
mm

Schaumkalk
Terebratelbänke →Wellenk.
Oolithbank

so=Rät

Solling – Folge
Hardegsen – Folge
Detfurth – Folge
Volpriehausen – Folge

Rogenstein

su

Zechstein 3   Hauptanhydrit

Variszischer Untergrund

0   500 m

Column labels (vertical):
JURA · LIAS · TRIAS · KEUPER · MUSCHELKALK · BUNTSANDSTEIN · PERM · ROT LIEG. / ZECHSTEIN

Abb. 0.6. Nach REINSCH & SEIDEL 1976.

Bergland geradezu „klassisch" entwickelt. Das ist auch der Grund, warum in vielen Bergzügen Gesteine von der Trias bis zur Oberkreide aufgeschlossen sind. So besteht der Hildesheimer Wald größtenteils aus Buntsandstein. Auch in der „Nußberg-Scholle" im Stadtgebiet von Braunschweig, im Heeseberg bei Jerxheim und in den Aufschlüssen im Lindenberg bei Salzgitter-Osterlinde stehen die roten karbonatischen Sandsteine und Rogensteinbänke des Unteren Buntsandstein an (Kap. 1). Der Mittlere und Obere Buntsandstein ist weniger gut aufgeschlossen, in alten Steinbrüchen als bunte Tone oder Gips.

Unter dem Buntsandstein liegen die gelben und grau-blauen Kalksteine des Muschelkalk. Auf mächtige Schaumkalkbänke folgt der tonig-mergelige, geringmächtig entwickelte Mittlere Muschelkalk. Der Obere Muschelkalk ist durch die unverwechselbaren Trochitenkalke gekennzeichnet. Die E Braunschweig gelegenen Höhenzüge Elm, Fallstein, Asse und Huy sind aus Muschelkalk aufgebaut (Kap. 3 und 4). Die Keupersedimente bestehen in den unteren und oberen Schichten aus gelblichen Sandsteinen, die in den Steinbrüchen von Velpke bei Wolfsburg abgebaut werden (Kap. 5). Die zwischengelagerten Ton- und Mergelsteine gehören zum Mittleren Keuper, der besonders im Lippischen Bergland, zwischen Weser und Teutoburger Wald, flächenhaft entwickelt ist (Kap. 5).

Die Ton- und Mergelsteine des Unteren Lias sind in der Harzgegend oolithisch entwickelt. Im Mittleren Lias beginnt die Bildung lokaler oolithischer Eisenerzvorkommen, die früher bei Rottorf im Tagebaubetrieb gewonnen wurden (Kap. 7).

Zur Zeit des Oberen Lias kommt es zu gleichmäßiger Ablagerung von bituminösen Schiefern ("Posidonienschiefer"), die von vereinzelten Kalksteinbänken durchzogen werden. Die Ölschiefer von Schandelah E Braunschweig wurden früher abgebaut und können als Reserven für Erdölprodukte in der Zukunft genutzt werden (Kap. 6).

Die Sedimentation setzt sich im Dogger fort. Für den Unteren Malm sind die Kalksteine des Korallenoolith bezeichnend (Kap. 10). Im Raum Salzgitter bilden sich Erzlager, die im Bergwerksbetrieb der Grube Konrad abgebaut wurden.

Durch die Einengung des Sedimentationsbeckens im Braunschweiger Raum vollzieht sich hier der Übergang von einer tonigen in eine kalkmergelige Fazies. Nach Bildung des küstennahen Korallenoolith folgen Kalk- und Tonmergel des Kimmeridge.

Während der Unterkreide setzen sich überwiegend limnisch-brackische Sedimente ab (Kap. 11), die später von vollmarinen Ablagerungen überdeckt werden. Der Deister und die Bückeberge bestehen aus den Unterkreide-Sandsteinen des „Wealden" (Berrias).

Die vorwiegend tonige Unterkreide führt im Raum Salzgitter mächtige Brauneisen-Trümmererz-Lager (Hauterive), die im Revierfeld von Haverlahwiese im Untertagebetrieb gewonnen wurden (Kap. 8). In einem lückenlosen Profil vollzieht sich der Übergang von der Unterkreide in die kalkig-mergelige Oberkreide. Die Mergel der Oberkreide (Santon, Untercampan) werden nur noch in wenigen Ziegeleigruben abgebaut (Kap. 17).

In der Oberkreide führt eine verstärkte Heraushebung von Salzstöcken zu lokalen Hebungen und Senkungen. Zahlreiche Transgressionen sorgen für Abtragungen und Umlagerungen der Sedimente (Kap. 16), was sich in schwankenden Mächtigkeiten der Oberkreide-Ablagerungen zeigt. Die Sedimente sind im Raum Hannover überwiegend kalkig entwickelt, als Kalkmergel bis Mergelkalke. Bei Peine und Lengede enthalten sie wieder Trümmererze, die in den Erzgruben Bülten und Lengede-Broistedt abgebaut wurden (Kap. 16). Den Schichten des Mesozoikum sind teilweise tertiäre Tone und Sande aufgelagert, z. B. im Gebiet von Helmstedt.

18

Literatur*

Einführungen, Nachschlagewerke

ABEL, O. (1927): Lebensbilder aus der Tierwelt der Vorzeit. 2. Aufl. G. Fischer, Jena

ANDREMOSE, M. (Hrsg.) (1975): Die Geheimnisse der Urzeit. 5 Bände. Bibliographisches Institut, Mannheim/Wien/Zürich

BEURLEN, K. (1975): Geologie. Die Geschichte der Erde und des Lebens. Franckh, Stuttgart

BRINKMANN, R. (1977): Brinkmanns Abriß der Geologie. Bd. II: Historische Geologie. 10./11. Aufl., neu bearbeitet von K. KRÖMMELBEIN. F. Enke, Stuttgart

GEYER, O. F. (1973/1977): Grundzüge der Stratigraphie und Fazieskunde. 2 Bände. E. Schweizerbart, Stuttgart

GÖKE, G. (1963): Methoden der Mikropaläontologie. Franckh, Stuttgart

GRZIMEK, B. (Hrsg.) (1970): Grzimeks Tierleben. Bd. III: Weichtiere, Stachelhäuter; Bd. VI: Kriechtiere; Ergänzungsband: Entwicklungsgeschichte der Lebewesen. Kindler, Zürich

KAEVER, M., OEKENTORP, K., SIEGFRIED, P. (1974): Fossilien Westfalens: Invertebraten der Kreide. Münster. Forsch. Geol. Paläont. 33/34

– (1976): Fossilien Westfalens: Invertebraten des Jura. Münster. Forsch. Geol. Paläont. 40/41

KRÜGER, F. J.: Fossilkartei – Eine Bestimmungshilfe für den Sammler. (Nr. 1–75). Mineralien-Magazin, H. 2 (1978) – H. 2 (1983)

LEHMANN, U. (1977): Paläontologisches Wörterbuch. dtv/Enke, Stuttgart

MÄGDEFRAU, K. (1968): Paläobiologie der Pflanzen. G. Fischer, Jena

McKERROW, W. S. (Hrsg.) (1981): Palökologie. Franckh, Stuttgart

MURAWSKI, H. (1972): Geologisches Wörterbuch. dtv/Enke, Stuttgart

RICHTER, A. E. (1981): Handbuch des Fossiliensammlers. Franckh, Stuttgart

– (1982): Ammoniten. Franckh, Stuttgart

RICHTER, R. (1948): Einführung in die zoologische Nomenklatur durch Erläuterungen der Internationalen Regeln. W. Kramer, Frankfurt

SCHÄFER, W. (1962): Aktuo-Paläontologie nach Studien in der Nordsee. W. Kramer, Frankfurt

SCHLEGELMILCH, R. (1976): Die Ammoniten des süddeutschen Lias. G. Fischer, Stuttgart/New York

SHEPHERD, W. (1972): Flint, its Origin, Properties and Uses. Faber and Faber, London

Treatise on Invertebrate Paleontology (Ed. R. C. MOORE, C. TEICHERT) (ab 1953): Part A – W. Univ. Kansas Press, Lawrence (Kansas) et Geol. Soc. Amer. New York

WENDT, H. (1965): Forscher entdecken die Urwelt. G. Stalling, Oldenburg

WIEDMANN, J. (Hrsg.) (1979): Aspekte der Kreide Europas. E. Schweizerbart, Stuttgart

ZIEGLER, B. (1975): Einführung in die Paläobiologie. Teil 1: Allgemeine Paläontologie. E. Schweizerbart, Stuttgart

ZITTEL, K. A. (1899): Geschichte der Geologie und Paläontologie bis Ende des 19. Jahrhunderts. R. Oldenbourg, München/Leipzig

Geologie SE-Niedersachsens

ARBEITSKREIS PALÄONTOLOGIE HANNOVER. Zeitschrift für Amateur-Paläontologen. Schriftleitung W. POCKRANDT, Am Tannenkamp 5, 3000 Hannover 21 (ab 1973)

ERNST, G. (1968): Die Oberkreide-Aufschlüsse im Raum Braunschweig-Hannover und ihre stratigraphische Gliederung mit Echinodermen und Belemniten. 1. Teil: Die jüngere Oberkreide (Santon-Maastricht). Ber. Naturhist. Ges. Beih. 5 (KELLER-Festschrift)

–, SCHMID, F., KLISCHIES, G. (1979): Multistratigraphische Untersuchungen in der Oberkreide des Raumes Braunschweig-Hannover. Aspekte der Kreide Europas. International Union of Geological Science, Series A, No. 6, 11–46, Stuttgart

–, SCHMID, F. (1980): The Upper Cretaceous of central and eastern Lower Saxony. In: BIRKELUND, T., BROMLEY, R. G. (Hrsg.), Upper Cretaceous and

---

* Bei den Zeitschriftentiteln werden die üblichen Abkürzungen verwendet. Sollte ihre Auflösung Schwierigkeiten bereiten, können die Bibliotheken helfen. Zur Beschaffung von Literatur wende man sich ebenfalls an die Bibliotheken oder – bei Kaufabsicht – an den Buchhandel.
Jeder Titel ist nur einmal in eine Literaturliste aufgenommen. Sollte (was selten vorkommt) eine Literaturangabe sich nicht in der zum Kapitel gehörigen Liste finden, ist also bei anderen Kapiteln nachzusehen.

Danien of NW Europe. 26th Int. Geol. Congress Paris. Guide to Excursion A–69. Paris, 55–75

FRIESE, H. (1972): Landschaftsformen und Tagesaufschlüsse des Erdmittelalters in Niedersachsen. Niedersächsisches Landesmuseum Hannover, Geologische Schriftenreihe 1

GEOLOGISCHE WANDERKARTE 1:100 000 Landkreis Hannover. Ber. Naturhist. Ges. Hannover 120 (1976)

HAMM, F. (1938): Einführung in Niedersachsens Erdgeschichte. Lax, Hildesheim/Leipzig

– (1952): Erdgeschichtliches Geschehen rund um Hannover. Goedel, Hannover

JARITZ, W. (1973): Zur Entstehung der Salzstrukturen Nordwestdeutschlands. Geol. Jb. A, 10

KLAGES, O. (1962): Aufschlüsse im Subherzynischen Becken. Aufschluß 13, 113–118

SCHOTT, W. et al. (1969): Paläogeographischer Atlas der Unterkreide von NW-Deutschland, mit einer Übersichtsdarstellung des nördlichen Mitteleuropa. (Mit Erläuterungen.) Bundesanstalt für Bodenforschung, Hannover

VOIGT, E. (1963): Über Randtröge vor Schollenrändern und ihre Bedeutung im Gebiet der Mitteleuropäischen Senke und angrenzenden Gebiete. Z. Dt. Geol. Ges. 114

1 Rogenstein und Stromatolithen

Steinbruch am Heeseberg

Der aufgelassene Steinbruch am Heeseberg bei Jerxheim erschließt ca. 15 m mächtige Rogensteinbänke des Unteren Buntsandstein. Er liegt auf der flach einfallenden NE-Flanke des Heeseberges, der das SE-Ende des Asse-Heeseberg-Zuges markiert.

Anfahrt: Von Wolfenbüttel auf der B 79 bis Semmenstedt; über Ührde, Barnstorf und Watenstadt bis zum Wanderparkplatz auf dem Heeseberg. Naturschutzgebiet; Salzflora mit seltenen Pflanzen (Adonisröschen, Wiesenknopf, Frühlingsfingerkraut, Steinbrech). Alte Bauernhöfe mit thüringischer Hofanlage. Vom Aussichtsturm bei schönem Wetter weiter Ausblick nach Süden bis zum Harz (Brocken), Huy und Großen Fallstein, nach Norden in die Schöppenstedter Mulde und auf den Elm (siehe Kap. 3). Der Steinbruch liegt westlich vom Turm am Sträßchen, das von Beierstedt herafführt; er ist teilweise mit schönen Stauden und Sträuchern überwuchert.

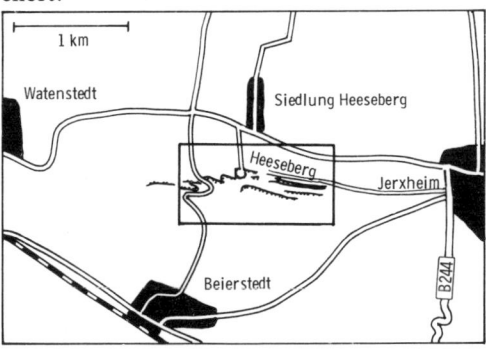

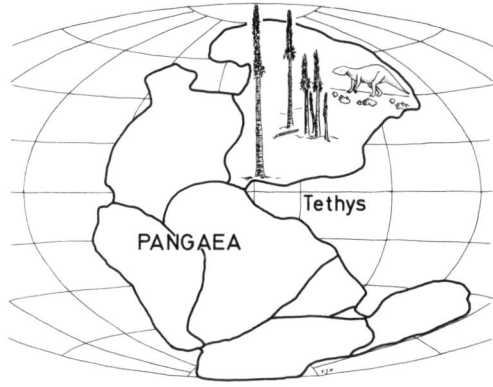

Abb. 1.8. Vereinfachte Darstellung der Erde zu Beginn der Trias (nach der Kontinentaldrifttheorie WEGENERS), mit dem großen Urkontinent Pangaea. Ein breiter Meeresgürtel, die Tethys, begrenzte das Gondwana-Land nach Norden. Im Bereich des europäisch-asiatischen Urkontinents die Rekonstruktion der Buntsandsteinpflanze *Pleuromeia* und des „Handtieres" *Chirotherium*, das nur anhand seiner Spuren rekonstruiert werden konnte.

Profil, Fazies, Fossilien

Der Steinbruch erschließt eine Serie des Hauptrogensteines im Unt. Buntsandstein. Die unteren vier Meter des Profils bestehen aus dickbankigem Rogenstein, einem Kalkoolith, so genannt wegen seiner Ähnlichkeit mit Fischrogen. Die Hauptrogensteinbank geht im oberen Teil in eine Stromatolithenbank über (Abb. 1.1 T*; 1.11). Es

---

* Ein *T* verweist auf Farbfotos, die zu Tafeln zusammengefaßt sind.

21

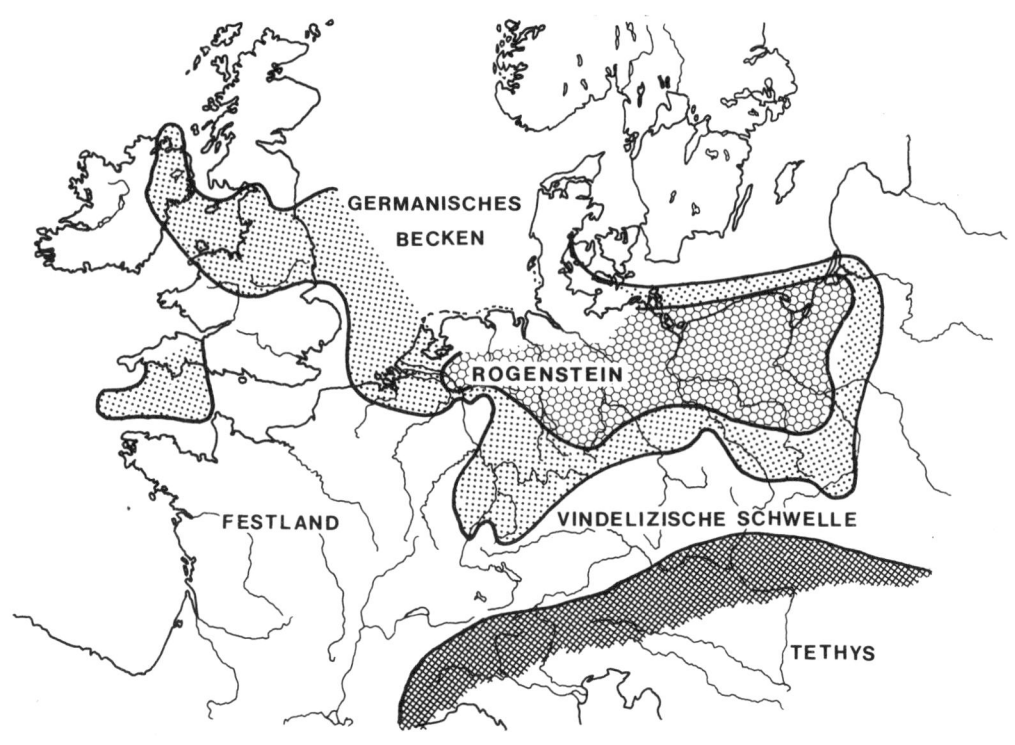

Abb. 1.9. Übertragung der paläogeographischen Verhältnisse auf das heutige Mitteleuropa: Verteilung von Land und Meer zur Zeit des Unt. Buntsandstein (zusammengestellt nach BRINKMANN 1966 und anderen Autoren).

schließt sich eine Folge roter Ton-, Sand- und Mergelsteine an, in die vereinzelt Kalksandsteine eingelagert sind. Unterbrochen werden die Hangendschichten durch zwei markante, geringmächtige Rogensteinbänke mit sehr kleinen Ooiden. Neben Kalkoolithen und Stromatolithen als charakteristischen Gesteinen sind Schrägschichtungen als typische Sedimentationsmarken zu erwähnen. Auch Rippelmarken und Trockenrisse treten auf.

Der Ablagerungsraum lag vermutlich in unterschiedlich stark bewegtem bis stillem Was-

ser mit möglicherweise wandernder Brandungszone. Die Ablagerungen des Rogensteins erstrecken sich in einer Breite von ca. 100 bis 200 km quer durch Deutschland bis Polen; sie werden aufgrund von Faziesanalysen als marine Bildungen gedeutet.

Über die Entstehung der Oolithe des Rogensteins bestehen unterschiedliche Auffassungen. USDOWSKI (1963) deutet sie als anorganische Bildungen. Danach dienten aufgewirbelte Mineralkörner als Kristallisationskeime für den im Meerwasser gelösten Calcit. Ihr Durchmesser beträgt im Schnitt 0,2–3,5 mm; sie enthalten neben Calcit Tonmineralien und andere Silikate, die in den Ooiden regellos verteilt sind oder konzentrische Lagen um den Kern bilden. Die Lagenstruktur der Ooi-

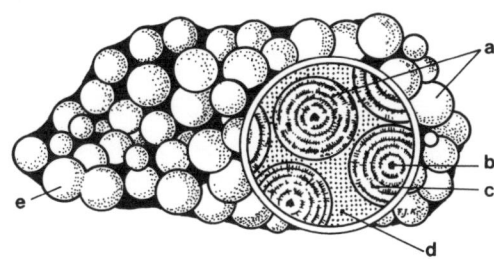

Abb. 1.10. Rogenstein (Kalkoolith) aus der Hauptrogensteinbank des Unt. Buntsandstein: a Ooid oder Calcitsphärolith, vergrößerter Querschnitt; b Kern: Sandkorn, Schalenbruchstück o. ä.; c konzentrische Lagen aus feinem, radialstrahligem Calcit; d calcitisch-silikatische Matrix; e Zwillings-Ooid.

de wird im Dünnschliff deutlich sichtbar. Jede Calcitlage ist durch ein feines Tonhäutchen von der nächsten getrennt (Abb. 1.10). Selten treten auch Walzenooide, Ooidviellinge und solche mit einer Kegelstruktur auf. Andere Autoren (KALKOWSKY 1908; ERBE & HAAGE 1967) machen Organismen für die Entstehung der Ooide verantwortlich. Ein Indiz dafür könnte das enge Nebeneinander von Rogenstein und Stromatolithen sein.

Stromatolithen (griechisch *stroma*, Decke; *lithos*, Gestein) sind knollig-blättrige Kalkkrusten mit blumenkohlartig-nieriger Oberfläche (Abb. 1.6; 1.7 T), entstanden wahrscheinlich unter Mitwirkung von primitiven Blaualgen (Cyanophyceen), die bei der Erstbesiedelung von Gesteinen eine große Rolle spielen. Rezente stromatolithische Algenmatten wurden in den Salinen der Adria-Nordküste und den Sandwatten (Farbstreifen-Sandwatt) der südlichen Nordsee nachgewiesen (KRUMBEIN 1977; RONGEN 1979).

Die bereits aus präkambrischen und paläozoischen Gesteinen bekannten Stromatolithen werden in der Trias (im Buntsandstein und Muschelkalk) häufig und haben dort Leitfossilcharakter. KALKOWSKY (1908) hat sie auch

zuerst vom Buntsandstein beschrieben. Schöne Handstücke lassen sich am besten aus angewittertem Rogenstein schlagen, bei dem die Ooide frei hervortreten (Abb. 1.4 T). Wie bei den konzentrisch aufgebauten Oolithen zeigt sich die schalig-blättrige Struktur der Stromatolithen erst richtig im Anschliff.

Rogenstein wurde früher im Braunschweiger Raum häufig als Werkstein verarbeitet. Überall im Harzvorland, besonders in den Dörfern zwischen Heeseberg und Elm, finden sich heute noch aus Rogenstein erbaute Wohn- und Wirtschaftsgebäude. Auch in der Baugeschichte Braunschweigs haben die Gesteine des Unteren Buntsandstein eine bedeutende Rolle gespielt. Teilweise lagen die Steinbrüche sogar im Stadtbereich (Nußberg). Im Innern des 1166 gegossenen Braunschweiger Löwen, dem Sinnbild der Gerichtsbarkeit der Stadt und Monument Heinrichs des Löwen, wurde als Bestandteil des Gußkerns Rogenstein aus dem Nußberg gefunden.

Steinbruch im Lindenberg

Dieser zweite für Sammler gut zugängliche Aufschluß im Unt. Buntsandstein befindet sich auf dem Lindenberg, 1 km SE Salzgitter-Osterlinde.
Anfahrt: Von der A 7 (Hannover–Kassel), Ausfahrt Autobahndreieck Salzgitter, über die B 490; oder von Braunschweig über Salzgitter–Lebenstedt. In Osterlinde nach SE auf den bewaldeten Lindenberg. An der Weggabelung hinter der Försterei links ab zum östlichen Steinbruch.
Der aufgelassene Steinbruch erschließt den Unt. Buntsandstein in einer Mächtigkeit von ca. 25 m. Teilweise zugewachsen; für die Fossilsuche bietet sich der mächtige Hangschutt

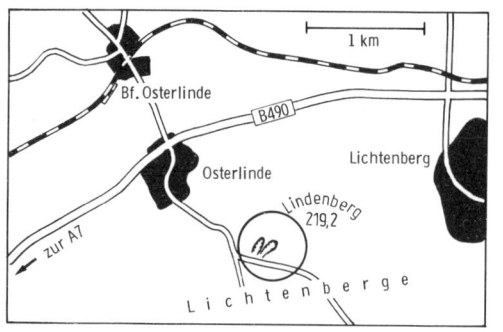

Osterlinde

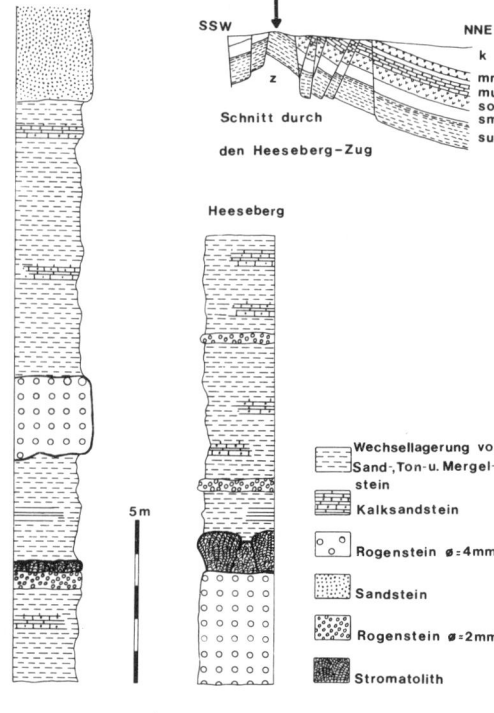

Heeseberg

Schnitt durch
den Heeseberg–Zug

SSW → Heeseberg → NNE

z
k
mm
mu
so
sm
su

Osterlinde

Heeseberg

5 m

Abb. 1.11 (rechts). Gegenüberstellung der Profile der Steinbrüche im Heeseberg und im Lindenberg (Unt. Buntsandstein); darüber ein geologischer Schnitt durch den Heeseberg-Zug (zusammengestellt nach Hartig, Koch & Schneider 1972 und Kalka 1963).

z = Zechstein; su = Unt. Buntsandstein; sm = Mittl. Buntsandstein; so = Ob. Buntsandstein (Röt); mu = Unt. Muschelkalk; mm = Mittl. Muschelkalk; k = Keuper.

Abb. 1.12. Hauptrogenstein des Heeseberges. Rogenstein wird überlagert von einer Stromatolithenbank, darüber eine Ton- und Mergelserie. Die Gesteinsabfolge entspricht dem Profil Abb. 1.11. Foto F.J. Krüger.

Wechsellagerung von Sand-, Ton- u. Mergel-stein

Kalksandstein

Rogenstein ⌀ = 4mm

Sandstein

Rogenstein ⌀ = 2mm

Stromatolith

an. Sicherheitsvorkehrungen (Helm und robustes Schuhwerk) treffen!

Im unteren Teil der roten Sandsteinwand befindet sich eine geringmächtige Rogensteinbank mit aufliegender Stromatolithenschicht. Die Stromatolithen sind teilweise gut ausgebildet und lohnende Sammelobjekte. 3 m darüber beginnt eine 2,5 m mächtige Rogensteinbank.

Die lithologischen Befunde des Aufschlusses entsprechen denen des Steinbruchs Heeseberg. Eine Parallelisierung beider Profile war bisher nicht möglich (Abb. 1.11). Auch hier wurde Werkstein abgebaut.

Eine Besonderheit sind die sog. „Ooidbeutel" (Abb. 1.3 T). Sie treten in einem bestimmten Niveau fast immer in größerer Anzahl auf und sind in gewöhnlichen Rogenstein gebettet. Ooidbeutel sehen aus, als seien die einzelnen Ooide in einem „Beutel" verpackt. Diese Verpackung oder Hülle besitzt die gleichen konzentrischen Strukturen wie die Ooide; sie dürfte sich daher auch unter gleichen Bedingungen gebildet haben. Nur erfolgte die radialstrahlige Anlagerung des Calcits in diesem Falle an ein vorhandenes Rogensteingeröll. Diese Gerölle wurden möglicherweise von der Brandung oder durch Wasserläufe aus bereits verfestigtem Rogenstein herausgelöst, durch Wassertransport kantengerundet und einem sekundären Sedimentationsraum zugeführt.

Literatur

ERBE, W., HAAGE, R. (1967): Beitrag zur Systematik der Ooide von Kalkoolithen am Beispiel des Unteren Buntsandsteins Mitteldeutschlands. Contr. Mineral. Petrol. 14, 72−80

HAAGE, R. (1970): Beitrag zur Genese der Ooide von Kalkoolithen am Beispiel des Unteren Buntsandsteins im Süden der DDR. Geologie 19, 106−112

HARTIG, R., KOCH, G., SCHNEIDER, W. (1972): Rogenstein-Steinbruch am Heeseberg bei Jerxheim. Exkursion B, 124. Hauptverslg. Dt. Geolog. Ges. Braunschweig

KALKOWSKY, E. (1908): Oolith und Stromatolith im norddeutschen Buntsandstein. Z. Dt. Geol. Ges. 60, 68−125

REINSCH, D. (Hrsg.) (1976): Exkursionsführer. 54. Jahrestagung Dt. Mineral. Ges., Braunschweig

RUMMEL, O. (1973): Der Heeseberg bei Jerxheim und sein Rogenstein. Aufschluß 24, 430−431

USDOWSKI, H. E. (1962): Die Entstehung der kalkoolithischen Fazies des norddeutschen Unteren Buntsandsteins. Beitr. Mineral. Petrogr. 8, 141−179

USDOWSKI, H. E. (1963): Der Rogenstein des norddeutschen Unteren Buntsandsteins, ein Kalkoolith des marinen Faziesbereichs. Fortschr. Geol. Rheinld. Westf. 10, 337−342

Stromatolithen

GLOBIC, S. (1976): Organisms that Build Stromatolites. In: Walter, M. R. (Hrsg.), Stromatolites. Developments in Sedimentology 20, 113−126

KRUMBEIN, W. E. (Hrsg.) (1977): Cyanobakterien – Bakterien oder Algen? 1. Oldenburger Symposium über Cyanobakterien – Taxonomische Stellung und Ökologie. Oldenburg

RONGEN, P. (1979): Das Farbstreifen-Sandwatt als rezentes Beispiel von Stromatolithen. 49. Jahresverslg. Paläont. Ges. 1979, Oldenburg/Wilhelmshaven, 24−25

SCHULZ, E. (1937): Das Farbstreifen-Sandwatt und seine Fauna, eine ökologisch-biozönotische Untersuchung an der Nordsee. Kieler Meeresforsch. 1, 359−378

2 Helgoland – geologisches Denkmal in der Nordsee

Helgoland ist beliebtes Ausflugsziel und immer noch eine bedeutende Stätte geologischer Forschung, dazu ein Wallfahrtsort für Naturenthusiasten. Für Fossilienjäger und Naturzerstörer kein Zutritt! Die rote Felseninsel ist ein geschütztes Naturdenkmal; Sammeln ist aber im Hangschutt und am Strand der Düne möglich.

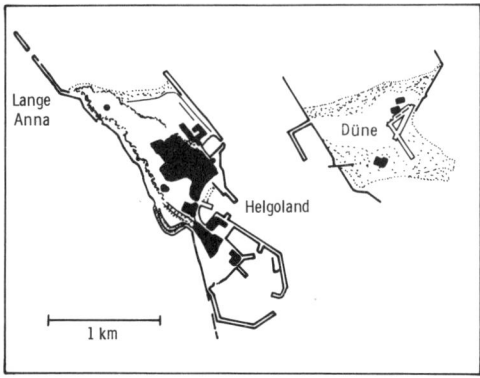

Anfahrt: Mit dem Seebäderschiff (ab Cuxhaven ca. 2½ Stunden) oder per Lufttaxi. Tagesausflugsreisende erreichen die Insel gegen 11 Uhr; Rückfahrt gegen 16 Uhr. Zollfreier Einkauf auf dem Schiff und auf der Insel möglich. Die Schiffe ankern auf der Reede vor Helgoland, mit Börtebooten werden die Besucher an Land gebracht. Für Naturbeobachter und Sammler empfiehlt sich ein mindestens einwöchiger Aufenthalt in der Vor- oder Nachsaison. Informationen: Kurverwaltung, 2192 Helgoland, Telefon 0 47 25 / 7 02 53.

Sedimentation, Tektonik, Erosion

Die Insel Helgoland entstand durch den Aufstieg der Zechsteinsalze, wobei die postsalinare Gesteinsfolge verstellt wurde (siehe auch Kap. 12). Abfolge und Mächtigkeit der Schichten des Helgoländer Gewölbes sind durch eine 1938 niedergebrachte „Reichsbohrung" gut bekannt. Nach 350 Metern war der Mittl. Buntsandstein und nach weiteren 380 Metern der Unt. Buntsandstein durchteuft. Darunter folgte „bodenloser" Zechstein mit Steinsalz, rotem Salzton und Anhydrit. Bei Einstellung der Bohrung in einer Tiefe von 3010 m befand man sich immer noch im Steinsalz.

Die Geschichte Helgolands beginnt zur Zechsteinzeit, als von Norden ein flaches Meer nach Mitteleuropa vordrang. Die Verbindung dieses Zechsteinmeeres zum Weltmeer wurde – so nimmt eine Theorie an – durch eine sich hebende und senkende Schwelle wiederholt unterbrochen. Im trockenen Klima verdampfte ein Großteil des eingeschlossenen Meerwassers, Stein- und Kalisalze sowie Anhydrite schieden sich ab. So entstanden in der Mitteleuropäischen Senke mächtige Salzlager.

In der darauffolgenden Zeit von ca. 40 Millionen Jahren, der Trias, bildeten sich die charakteristischen Sedimente des Buntsandstein („Buntsandstein" wegen der roten bis rotbraunen Färbung durch Eisenoxide und -hydroxide), des Muschelkalk und des Keuper. Das Aufsteigen der Zechsteinsalze setzte spätestens zur Zeit der Oberkreide ein und hielt über das gesamte Tertiär an. Salzlager

Quartär			Grundmoränendecke und Süßwasser-Töck des Eeminterglazials
Kreide	obere (co)	Maastricht ⎫ Campan Santon Coniac Turon Cenoman ⎭	mehrere 100 m Schreibkreidefazies mit Feuerstein-knollen
	untere (cu)	Alb	1,0 m rote Kreide 1,3 m graue minimus-Kreide
		Apt	2,0 m ewaldi-Kreide 1,0 m bituminöser Schieferton
		Barrême ⎫ Hauterive Valangin ⎭	40 m dunkle Tone
Muschel-kalk	oberer (mo)		10 m Mergel und glaukoniti-sche Kalke
	mittlerer (mm)		70 m Gips und Ton
	unterer (mu)		100 m graue Kalke und Dolo-mite
Buntsand-stein	oberer (so)		250 m Tonstein und Gips
	mittlerer (sm)		350 m Röt-Folge Solling-Folge Hardegsen-Folge Detfurth-Folge Volprie-hausen-Folge
	unterer (su)		280 m Tonstein mit oolithi-schen Bänken
Zechstein		Reichs-bohrung Helgoland I 1938/39	302 m Steinsalz und roter Salzton 13 m Anhydrit 706 m Steinsalz 45 m Anhydrit, Dolomit, Salzton 1125 m nicht durch-teuftes Steinsalz

Übersicht über die Schichtenfolge von Helgoland (nach KREMER 1979).

haben aufgrund ihres spezifischen Gewichts die Tendenz, sich bei Auflast plastisch zu verformen und in höhere Erdschichten aufzusteigen, besonders dort, wo bereits Brüche und Schwächezonen der Erdkruste vorhanden sind. Dadurch wurde das ursprünglich horizontal lagernde Deckgebirge zu einem Gewölbe aufgebuckelt; an einer bogenförmigen Verwerfung brach das Gewölbe des Deckgebirges auseinander. Im Osten wurden die Schichten der Trias und der Kreide über das Meeresniveau angehoben, und die Verwitterung ließ den Mittl. Buntsandstein als Hauptinsel übrig; die Schichten der westlichen Flanke machten aber die Aufwärtsbewegung nur beschränkt mit, so daß untermeerisch (subaquatisch) Oberkreide ansteht.

Beim „Görtel", einer Einbruchzone ca. 600 m SW der Insel, liegt Buntsandstein neben Oberkreide. Man nimmt an, daß in diesem Bereich ein Salzhut bestand, der im Nachpleistozän weggelöst wurde, worauf die Zone des Görtel ca. 20 m tief einsank. Das Einfallen der Schichten ist im Süden der Insel und der Klippen am größten. Analysen der Quer- und Längsklüfte sowie der Lagerung der Gesteine ergaben (KRUMBEIN 1979), daß die Insel keine schräggestellte Scholle darstellt, wie vielfach noch angenommen wird, sondern eine Aufwölbung. Während der letzten Eiszeit, vor ca. 10 000 Jahren, sank der Meeresspiegel der Nordsee, und Helgoland überragte als rote und weiße Felsenklippe die flachhügelige Geestlandschaft. Mammutherden durchzogen die arktischen Tundren im Bereich der heutigen Doggerbank, wo viele Mammutzähne aus dem Wasser geborgen werden konnten.

Zwischen Felseninsel und Düne steht im Bereich der Nordreede ein toniges Gestein an, das die Bezeichnung „Süßwassertöck" erhalten hat. Pollenanalysen und die Untersuchung der Pflanzenfossilien ergaben eine Momentaufnahme aus der langen Entstehungsgeschichte der Insel. Das Gestein ist während ei-

		heutige Zonengliederung (Deutschland)	typische Ammoniten-Gattungen	alte und petrofazielle Gliederung					Entwicklung auf Helgoland	
		Cenoman								
Alb	Ober	Stoliczkaia dispar	Stoliczkaia	Ober	gryphaeoides-	Flammen-mergel	Schichten	Mortonic.	Lücke	"rote Cenoman-Kreide" (1,3 m)
		Mortoniceras inflatum	Dipoloceras		sulcatus-					
		Dipoloceras cristatum								
	Mittel	Euhoplites lautus	Euhoplites	Mittel	concentricus-	Minimus-Ton			Kondensation?	"graue minimus-Kreide" (1 m)
		Euhoplites loricatus								
		Hoplites dentatus	Hoplites							
	Unter	Douvilleiceras mammillatum	Douvilleiceras							
		Leymeriella regularis	Leymeriella	Unter	regularis- bis nolani-Tone				Lücke	
		Leymeriella tardefurcata								
		Proleymeriella schrammeni	Proleymeriella							
Apt	Ober	Hypacanthoplites jacobi	Hypacanthoplites							
		Nolaniceras nolani								
		Parahoplites nutfieldiensis	Parahoplites	Ober	"Gargas"	inflexus-	Neohibolites	Mergel		
		Epicheloniceras laticostatum	Epicheloniceras			clava-				
		Tropaeum drewi				ewaldi-			mittlere und obere	"ewaldi-Kreide" (2 m)
		Dufrenoyia furcata/Trop. bowerbanki	Dufrenoyia						untere	
	Unter	Deshayesites deshayesi	Deshayesites	Unter	"Bedoul"	Deshayesites deshayesi			Fischschiefer = Töck (1 m)	
		Prodeshayesites tenuicostatus	Prodeshayesites			Deshayesites weissi			Lücke?	
						Prodeshayesites bodei				
Barrême	Ober	Parancyloc. bidentatum/Parancyl. scalare	Parancyloceras	Aconoceras	Ober	Oxyteuthis depressus	"Ancyloceras-Schichten"		dunkle tonige Unter-kreide	
		Simancyloceras stolleyi / "C." sparsicosta				Oxyteuthis germanicus	"brunsvicensis-Tone"			
	Mittel	"Ancyloc." innexum/ Simancyloceras pingue	Simancyloceras		Mittel	Oxyteuthis brunsvicensis				
		Paracrioceras denckmanni	Paracrioceras						(wahrschein-lich mit mehreren Kondensations-horizonten) (ca. 40 m)	
	Unter	Paracrioceras elegans								
		"Hoplocrioceras" fissicostatum	Hoplocrioceras	Unter	Blätterton					
		"Hoplocrioceras" rarocinctum								
Hauterive	Ober	Simbirskites (Craspedodiscus) discofalcatus	Craspedodiscus	Ober	"Crioceras" strombecki					
		Simbirskites (Craspedodiscus) gottschei			Craspedodiscus tenuis					
		Simbirskites (Milanowskia) staffi			"Crioceras" seeleyi					
		Simbirskites (Speetoniceras) inversum	Aegocrioceras		Crioceras hildesiense					
					Aegocrioceras capricornu					
	Unter	Endemoceras regale	Endemoceras	Unter	Acanthoceras bivirgatus				? — ?	
		Endemoceras noricum			Endemoceras noricum					
		Endemoceras amblygonium							Lücke	
Valangin	Ober	(mehrere Zonen, für Helgoland unbedeutend)	Dichotomites							
	Unter		Polyptychites							
			Platylenticeras						Transgressionshorizont	

Gliederung der Unterkreide von Helgoland mit Zonenfossilien (zusammengestellt nach KEMPER, RAWSON, SCHMID & SPAETH 1974).

Abb. 2.22 (rechts). Skizze zur Geologie Helgolands und der Düne (verändert nach KRUMBEIN 1979). Abkürzungen siehe Tabelle S. 27.

ner Zwischeneiszeit (Interglazial) in einem Süßwassersee zum Absatz gekommen. Damals bildeten Fichten *(Picea)* und Hainbuchen *(Carpinus),* Haselsträucher und Stechpalmen dichte Wälder um die roten Felsenklippen, die den von Erlen umsäumten See einschlossen.

In der Nacheiszeit stieg das Meer wieder an. Vor ca. 4000 Jahren war Helgoland noch eine stattliche, 7 km lange und 4 km breite Insel mit roten und weißen Felsen. Die bizarren Kliffs und Felswände erodierten und wurden von der Brandung abgetragen. Es entstanden die Brandungsflächen (Abrasionsterrassen) vor der Westküste, die noch heute einen Eindruck von der ehemaligen Größe vermitteln. Durch Abtragung der weicheren Gesteine des Röt wurde die Insel in den westlichen Teil mit Mittl. Buntsandstein (Rotes Kliff) und den östlichen (Weißes Kliff) geteilt.

Im Jahre 1649 hatte das Weiße Kliff nach einer zeitgenössischen Karte noch eine Ausdehnung von 10 ha und war ebenso hoch wie die Hauptinsel. Beide Teile waren noch durch einen Wall aus Sand und Geröll verbunden. Was die See mit der Brandung nur langsam vollbrachte, hat der Mensch wesentlich beschleunigt! Bereits in der Bronzezeit wurden Gipsplatten für die Steinkistengräber gebrochen. Im 18. Jahrhundert wurden Kalkstein und Gips systematisch abgebaut und als Baumaterial bis nach Hamburg verkauft. 1711 trug eine Flut die letzten Felspfeiler des „Witkliffs" ab. Nur die ungeschützte Düne blieb auf der Abrasionsfläche übrig. In der Silvesternacht 1720/21 zerstörte eine schwere

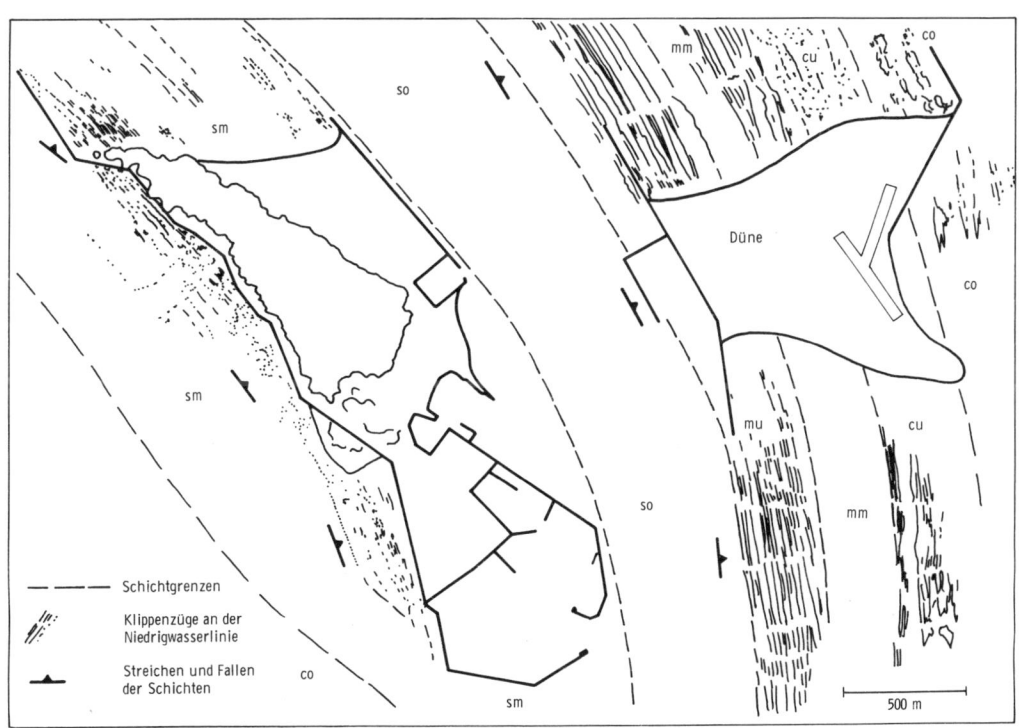

Schichtgrenzen

Klippenzüge an der Niedrigwasserlinie

Streichen und Fallen der Schichten

500 m

Stufe		Zone	Neohibolites minimus	Neohibolites ultimus	Hyphantoceras reussianum	Actinocamax verus	Gonioteuthis praewestfalica	Gonioteuthis westfalica	Gonioteuthis granulata	Gonioteuthis granulataquadrata	Gonioteuthis quadrata	Gonioteuthis quadrata gracilis	Belemnitella mucronata senior	Belemnella sp.	Inoceramus concentricus	Inoceramus sulcatus	Inoceramus crippsi	Inoceramus labiatus	Inoceramus inaequivalvis	Inoceramus apicalis	Inoceramus lamarcki	Inoceramus involutus	Inoceramus cimbricus
Maastricht	O.	casimirovensis-Zone																					
Maastricht	U.	junior-Zone																					
Maastricht	U.	occidentalis-Zone												■									
Maastricht	U.	lanceolata-Zone												■									
Obercampan	O.	langei-Zone											■										
Obercampan	O.	minor/polyplocus-Zone											■										
Obercampan	U.	vulgaris-Zone											■										
Obercampan	U.	stobaei/basiplana-Zone											■										
Obercampan	U.	conica/mucronata-Zone											■										
Untercampan	O.	gracilis/mucronata-Zone										●											
Untercampan	O.	conica/papillosa-Zone																					
Untercampan	O.	papillosa-Zone																					
Untercampan	O.	senonensis-Zone																					
Untercampan	U.	pilula-Zone																					
Untercampan	U.	lingua/quadrata-Zone									●												
Untercampan	U.	granulataquadrata-Zone				■				●													
Santon	O.	Marsupites-Zone				■																	●
Santon	O.	Uintacrinus/granulata-Zone				■																	
Santon	M.	rogalae/westfalicagranulata-Z.				■			●														
Santon	M.	rogalae/westfalica-Zone				■		■															
Santon	U.	coranguinum/westf.-Zone				■		■															
Santon	U.	pachti/undulatoplicatus-Zone				■	●																
Coniac	O.O.	subquadratus-Zone				■																	
Coniac	M.	involutus-Zone																				●	
Coniac	U.	koeneni-Zone																					
Turon	O.	deformis-Zone																					
Turon	M.	striatoconcentricus-Zone			●																		
Turon	M.	lamarcki-Zone																		●	●	●	
Turon	U.	labiatus-Zone																●					
Cenoman	O.	rhotomagense-Zone																					
Cenoman	M.	varians-Zone																●					
Cenoman	U.	ultimus-Zone		●																			
Alb	O.	dispar-Zone														●							
Alb	M.	dentatus-Zone	●												●								
Alb	U.	mammillatum-Zone																					

Durch Fossilien nachgewiesene Zonen und Vertikalverbreitung von Cephalopoden, Inoceramen und Echiniden der Helgoländer Oberkreide (zusammengestellt nach SCHMID & SPAETH 1978 und SALAH 1979).

	irreguläre Echiniden																		reguläre Echiniden							
	Lampadocorys stümckei	Hemiaster griepenkerli	Sternotaxis planus	Echinocorys gravesi	Conulus subrotundus	Infulaster excentricus	Holaster latissimus	Hagenowia rostrata	Conulus albogalerus	Hagenowia infulasteroides	Offaster pilula	Offaster pomeli	Micraster (Gibbaster) gibbus	Micraster schroederi	Galerites vulgaris	Cardiotaxis heberti	Echinocorys subglobosa	Echinocorys conica	Micraster stolleyi	Cardiaster cotteauanus	Tylocidaris clavigera	Tylocidaris gosae	Stereocidaris hirudo	Stereocidaris sceptrifera	Salenia obnupta	Salenia granulosa	Salenia heberti	Phymosoma radiatum

31

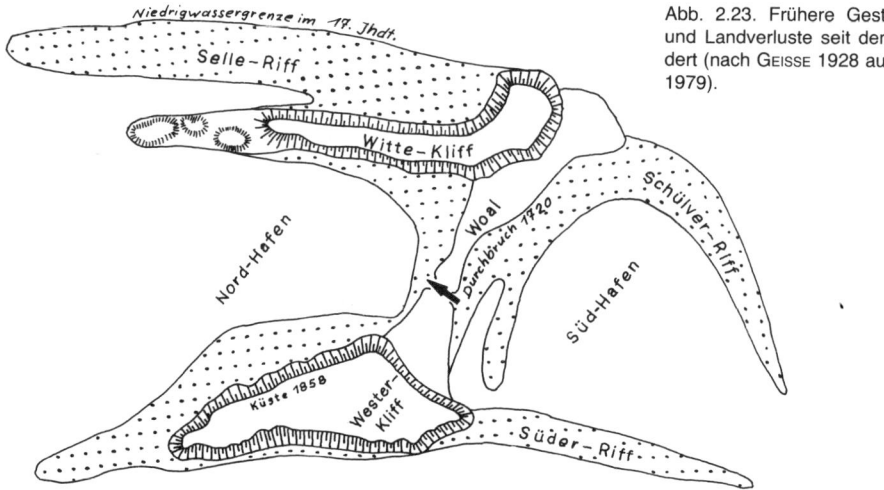

Abb. 2.23. Frühere Gestalt Helgolands und Landverluste seit dem 18. Jahrhundert (nach GEISSE 1928 aus HILLMER et al. 1979).

Sturmflut auch den Verbindungswall zur Düne. Seitdem hat die Düne mehrfach ihre Form verändert, ist aber erhalten geblieben. Auch die Felseninsel überstand wie durch ein Wunder die Bombardierungen von 1945 und die große Sprengung von 1947, wenn auch mit starken Zerstörungen.

Berechnungen haben ergeben (KRUMBEIN 1975), daß die Insel in den Jahren 1945–1950 um ⅓ kleiner wurde. Das entspricht einem natürlichen Schwund in einem Zeitraum von 500 Jahren! Durch Schutzbauten im Süd- und Ostteil versucht man, die Erosion zu bremsen; man konnte sogar einiges Neuland hinzugewinnen. Doch die Zerstörung der roten Felsen hält an, im ungeschützten Nordteil und an den Felshängen durch Verwitterung; nach wie vor ist aber auch noch der Mensch beteiligt – z. B. erwies sich der Überschallknall von Düsenjägern als schädlich.

Heute gibt es ernsthafte Bemühungen, die Felseninsel als Naturdenkmal zu erhalten. Auch das Wahrzeichen der Insel, die „Lange Anna", soll in einer von Privatleuten initiierten Rettungsaktion vor der Zerstörung bewahrt werden.

Tafel 1

Von links nach rechts und von oben nach unten:

Abb. 1.1. Steinbruch Heeseberg bei Jerxheim: Hauptrogensteinbank, darüber die „Napfsteine" der Stromatolithenbank. C. F. NAUMANN schreibt in seinem Lehrbuch der Geognosie (1862, Bd. II, S. 741): „Bei Wolfenbüttel findet sich eine eigentümliche Varietät des Rogensteins, deren Körner zu fußgroßen Kugeln und Knollen verwachsen sind, die sich von der übrigen Gesteinsmasse sehr bestimmt unterscheiden. Bei Winnrode dagegen kommt eine Varietät mit konzentrisch-schaliger Absonderung vor, welche daselbst unter dem Namen Napfstein bekannt ist und Schalen von mehreren Fuß Durchmesser zu allerlei häuslichem Gebrauche liefert."

Abb. 1.2. Aufgang zum Aussichtsturm auf dem Heeseberg mit großen Stromatolithen, „Napfsteinen".

Abb. 1.3. Angeschliffenes Rogenstein-Handstück mit „Ooidbeuteln", Rogenstein-Geröllen, die mit einer radialstrahligen Calcitschale umkrustet und nochmal einsedimentiert wurden. Unt. Buntsandstein; Stbr. im Lindenberg. Slg. C. Schumacher; Foto G. Ernst.

Abb. 1.4. Rogenstein mit angewitterten Ooiden aus der Rogensteinbank des Stbr. im Lindenberg.

Abb. 1.5. Pfeiler am Braunschweiger Altstadtrathaus: Rogenstein (unten) und Muschelkalk (oben).

Abb. 1.6. Im Anschliff wird die innere Struktur der Stromatolithen deutlich, die von blaugrünen Algen aufgebaut wurden.

Abb. 1.7. Blumenkohlartige Oberfläche eines Stromatolithen aus dem Unt. Buntsandstein von Salzgitter-Osterlinde (Stbr. im Lindenberg).

Stratigraphie

Mittl. Buntsandstein: Der Mittl. Buntsandstein (sm) bildet die ältesten Schichten der Insel. Er ist in zwei Serien ausgebildet. Die untere besteht aus dunkelbraunem bis rotem Sandstein und wird in unregelmäßigen Abständen von hellen Quarzsandbänken, den „Katersanden", durchzogen. Sie tritt an der Südwestküste und auf der Abrasionsterrasse zutage. Ihre oberen Sandsteinbänke enthalten Kupfermineralisationen und kleine Drusen mit Calcitkristallen und Chrysokoll, sowie runde Entfärbungshöfe (Abb. 2.4 T). Erosion und unterschiedliche Widerstandsfähigkeit des Gesteins ließen die formenreiche Steilküste im W der Insel entstehen, mit Galerien, Simsen und Brandungskehlen (Abb. 2.1; 2.2 T). Die obere Serie des Mittl. Buntsandstein wird von hellroten, wenig festen Steinmergelbänken gebildet. Sie sind durch mehrere feste Sandsteinhorizonte getrennt.

Als „geologische Urkunden" lassen sich im Buntsandstein Windrippeln, Tongallen und Trockenrisse gut beobachten und im Hangschutt sammeln. Sie belegen für die Zeit, in der der Buntsandstein abgelagert wurde, ein arides Klima mit Wüstengebieten, in denen aber auch Binnengewässer nicht fehlten. In ihnen lebten Saurier, Lungenfische, Muscheln und Ostracoden. Fossilien sind im Helgoländer Buntsandstein ausgesprochen selten. Sedimentstrukturen und Fossilien deuten auf ein flaches Absatzgebiet mit häufigem Trockenfallen und gelegentlich salinaren Bedingungen. Eindeutige Hinweise auf marines Milieu fehlen.

Ob. Buntsandstein: Die obersten Schichten des Buntsandstein, der Röt, streichen submarin zwischen Insel und Düne aus. Da ihre bunten Mergel nicht sehr widerstandsfähig sind, konnte das Meer an dieser Stelle eine breite Rinne schaffen. Der Röt ist ca. 200 m mächtig.

Muschelkalk: Die über dem Buntsandstein liegenden Schichten des Muschelkalk und der Kreide streichen in dem Bereich des Meeresbodens aus, der bei Niedrigwasser als langer Klippenzug erkennbar ist und sich von Süden unter der Düne nach Norden erstreckt (Abb. 2.22). Der Muschelkalk ist dem Buntsandstein konkordant aufgelagert. Er gliedert sich in den Unt. (mu), den Mittl. (mm) und den Ob. Muschelkalk (mo) mit einer Gesamtmächtigkeit von ca. 190 m. Muschelkalkgerölle sind nach Stürmen häufig am Nordstrand der Düne zu finden; sie enthalten viele Fossilien, hauptsächlich Muscheln, Schnecken, Brachiopoden, Ceratiten sowie Fisch- und Saurierreste. Die Trochitenbank des Ob. Muschelkalk ist nicht ausgebildet; somit sind auch keine Seelilien zu erwarten.

Ablagerungen aus Keuper und Jura sind nicht nachgewiesen. Sie könnten während einer Meerestransgression in der Unterkreide abgeräumt oder durch eine vorübergehende Hochlage nicht sedimentiert worden sein. Eine Be-

Tafel 2
Abb. 2.1. Blick auf Helgoland von NW. Foto O. Schulze (Freigabe-Nr. 18/555 Nds. Min. f. Wirtsch. u. Verkehr).
Abb. 2.2. Ansicht von NW, mit dem Wahrzeichen der Insel, der „Langen Anna". Foto B. P. Kremer.
Abb. 2.3. Druse im Buntsandstein mit Quarz und Chrysokoll. Bildbreite 4 cm.
Abb. 2.4. Entfärbungshöfe mit Kern aus Kupfermineralien. Durchmesser ca. 1,5 cm.
Abb. 2.5. An der SW-Küste kann man häufig Schichtflächen des Buntsandstein mit Rippelmarken beobachten.
Abb. 2.6. Fossiliensuche im Hangschutt der SW-Seite. Bei der Begehung der Westküste muß man einen Weg benutzen, der durch Felsvorsprünge führt; die tunnelartigen Durchlässe mit verschlossenen Gittertoren sind abgesichert. Den Schlüssel geben die Biologische Anstalt und das Bürgermeisteramt aus.
Abb. 2.7. Ammonit *Polyptychites sp.*, teilweise phosphatisierter Tonsteinkern.

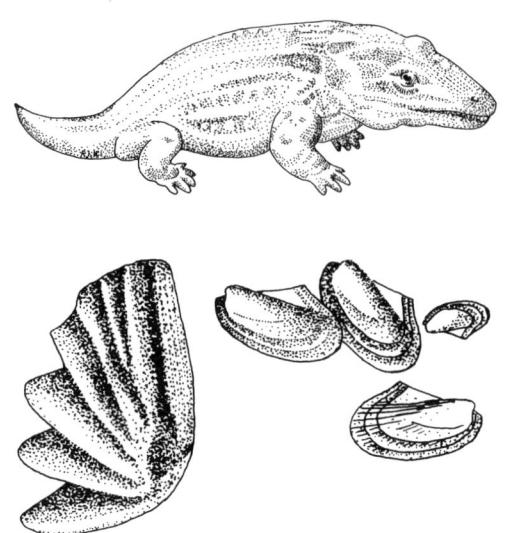

Abb. 2.24. Der Riesenlurch *Mastodonsaurus* (Amphibia) war ein träger Wasserbewohner, der nur gelegentlich auf das Land ging. Er gehört zu den Stegocephalen oder Labyrinthodonten, einer Gruppe primitiver Vierfüßer, von denen sich die Reptilien (Gruppe der Saurier) ableiten. *Mastodonsaurus* lebte zur Zeit des Buntsandstein und Keuper Europas. Mit bis zu 4 m Körperlänge (der Schädel maß allein 1,25 m!) war er der größte Vertreter der Amphibien, der jemals auf der Erde gelebt hat. Reste von ihm wurden im Mittl. Buntsandstein von Helgoland nachgewiesen und von STAESCHE & WOLF (1933) beschrieben.

Abb. 2.25 (links außen). Gaumenzahn von *Ceratodus sp.* (Dipnoer). Mittl. Buntsandstein.

Abb. 2.26. *Gervilleia murchisoni* GEINITZ, auf Helgoland seltene Muschel des Mittl. Buntsandstein.

Abb. 2.27 (unten). 46 cm langer Schädel eines *Parotosaurus helgolandiae* (SCHROEDER 1913) aus den unteren Schichten des Mittl. Buntsandstein von Helgoland (gefunden 1910 von WOLFF). Das Schädeldach ist stark skulpturiert und mit Schleimkanälen versehen (A). Die kleine Öffnung zwischen den Augenhöhlen ist das Scheitelauge oder Pinealorgan, ein zusätzliches Sehorgan. B zeigt die Gaumenregion. (In Anlehnung an SCHROEDER 1913.)

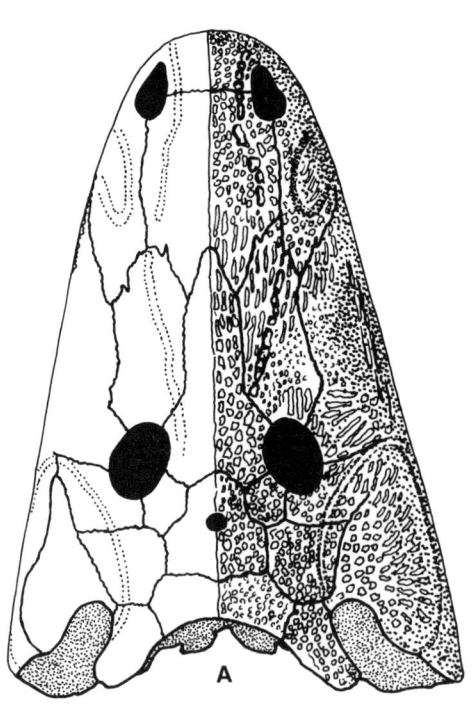

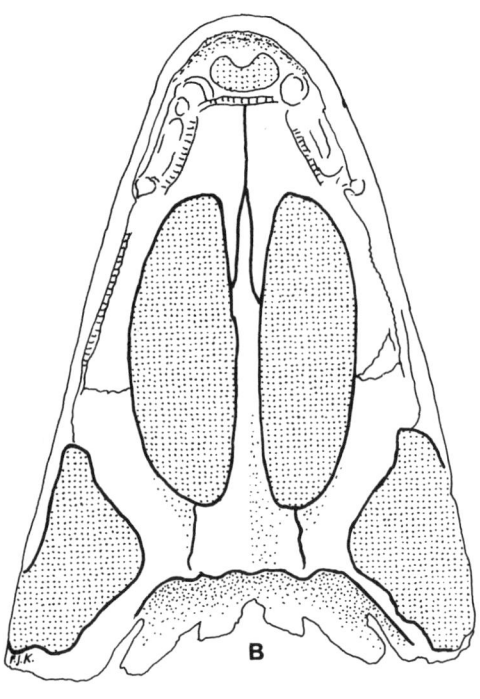

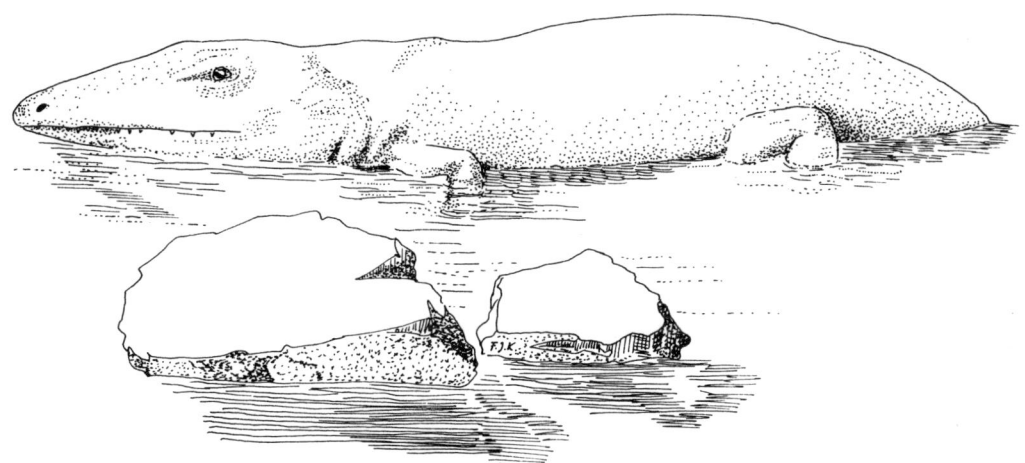

Abb. 2.28. Rekonstruktionsversuch von *Parotosaurus helgolandiae* (SCHROEDER 1913), der in Seen und Sümpfen, z. T. in brackigem Wasser, nach Fischen jagte.

trachtung der Geologie Helgolands wäre unvollständig ohne eine Erwähnung der fossilreichen Kreide. Unter- und Oberkreide sind im Ostteil des Helgoländer Gewölbes, im Bereich der Düne, untermeerisch gut aufgeschlossen. Hier spülen die Wellen, besonders nach Stürmen, immer wieder Fossilien an den Strand der Düne. Besonders die Ammoniten sind in dunklem Calciumphosphat erhalten und stecken vielfach in harten Konkretionen. Auch pyritisierte Ammoniten sind zu finden, andere sind bereits in Brauneisen übergegangen. Die nicht seltenen Kammerfüllungen von Crioceratiten kennt man überregional als „Helgoländer Katzenpfötchen" (Abb. 2.13 T).

Unterkreide: Unmittelbar auf den Ob. Muschelkalk folgt die Unterkreide des Valangin. Sie ist mit einer Mächtigkeit von 45 m gering entwickelt, aber reich gegliedert und von Kondensationshorizonten und Schichtlücken durchzogen. Zuunterst findet man als typisches Transgressionssediment ein Brauneisenkonglomerat. Es gehört in die *Platylenticeras*-Schichten (Tabelle S. 28). Die tonigen Schichten des Hauterive und Barrême messen ca. 40 m, darüber folgen Apt und Alb mit ca. 5 m Mächtigkeit. Leitfossilien sind besonders Simbirskiten und Crioceratiten. Ein fossilreicher, 1 m mächtiger Schieferton des Unterapt ist als „Töck" oder Fischschiefer bekannt.

Abb. 2.29. Der Ammonit *Dimorphoplites sp.* aus dem Mittl. Alb.

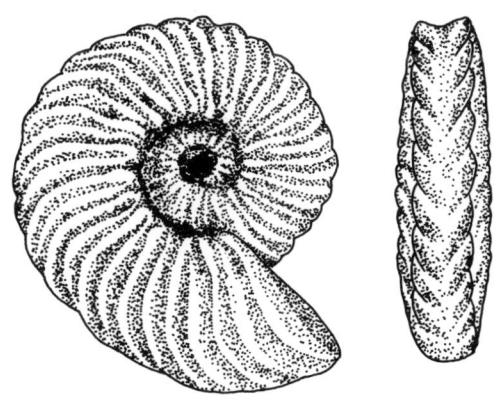

Oberkreide: Die ca. 260 m mächtige Oberkreide streicht an beiden Flanken des Inselsockels im Klippenbereich der Düne aus. Sie ist überwiegend in der Fazies der Weißen Schreibkreide ausgebildet, mit vielen Flinthorizonten. Eine Besonderheit ist der „Rote Helgoländer Feuerstein". Er wurde früher zu Schmuck verarbeitet, hat aber heute keine Bedeutung mehr (KRÜGER 1980). Durch zahlreiche Fossilfunde konnten alle Stufen der Oberkreide, vom Cenoman bis Maastricht, nachgewiesen werden. Häufig sind die Fossilien (Seeigel u. a.) als Flintsteinkerne ausgebildet. Die Zonen, die durch Leitfossilien nachgewiesen wurden, sind in der Tabelle S. 30 f. dargestellt.

Funde aus dem Buntsandstein von Helgoland

Fossilien: Wurmbauten; Muschel *Pteria* (früher *Avicula*) *murchisoni* GEINITZ; Muschelkrebse (Ostracoden); Lungenfisch *Ceratodus* (Gaumenzahnplatte); *Mastodonsaurus; Parotosaurus* (früher *Capitosaurus*) *helgolandiae* (Schädeldach).

Mineralien: Drusen mit Chrysokoll und Shattuckit in kleinen, glaskopfartigen Bildungen (hell- bis dunkelgrün); Drusen mit Calcitkristallen, Quarz und himmelblauem, klarem Coelestin; Kupfermineralien (in kleinen Mengen): Malachit, Azurit, Kupferlasur, Rotkupfererz, Cuprit, gediegen Kupfer; runde Entfärbungshöfe mit dunklem Kern, die Vanadium, Uran, Kupfer und Blei enthalten, entstanden durch Auflösung oder Reduktion des Hämatits (Eisen III).

Sedimentstrukturen: Rippelmarken, Trockenrisse, Eindrücke von Regentropfen, Kugelsandstein, Brandungsgerölle mit Entfärbungen (Tüpfel und Flecken), Schrägschichtungen.

Fossilien aus der Helgoländer Unter- und Oberkreide

A Ammonoidea, **B** Belemnitida, **Bv** Bivalvia, **Br** Brachiopoda, **E** Echinoidea, **F** Foraminifera, **O** Ostracoda

Valangin

A *Platylenticeras heteropleurum* (NEUMAYR & UHLIG), *Hoplites helgolandicus* STOLLEY, *Polyptychites sp.*, *Dichotomites sp.*
B *Acroteuthis explanatoides* (PAVLOW), *A. subquadratus* (ROEMER)

Hauterive

A *Endemoceras regale, E. noricum, Simbirskites (Craspedodiscus) phillipsi* ROEMER (Abb. 2.10 T), *S. (C.) gottschei* KOENEN, *S. (Speetoniceras) inversum* (PAVLOW), *S. (S.) cf. versicolor, S. (Milanowskia) staffi, S. (M.) cf. ihmensis* BÄHR, *S. (S.) rugosus* (KOENEN), *S. (S.) picteti* (WEERTH), *S. (S.) decheni* (ROEMER), *Aegocrioceras semicinctum* (ROEMER), *Ae. quadratum* (CRICK), *Ae. bicarinatum* (YOUNG & BIRD), *Crioceratites ? seeleyi* (NEUMAYR & UHLIG), *C. ? koeneni* SPATH
B *Hibolites jaculoides* SWINNERTON, *H. obtusirostris* (PAVLOW)
S *Rotularia (R.) phillipsi* (ROEMER)

Br *Aetostreon latissimum* (LAMARCK) (Abb. 2.9 T), *Camptonectes (Borcionectes) cinctus* SOWERBY, *Thracia phillipsi* ROEMER (Abb. 2.11 T)

Barrême

A *Paracrioceras strombecki* (KOENEN), *P. statheri* SPATH, *P. denckmanni* (MÜLLER), *P. sexnodosum* (ROEMER), *P. elegans* (KOENEN), *Hoplocrioceras rarocinctum* (KOENEN), *H. fissicostatum* (ROEMER), *Callizoniceras plicatulum* (KOENEN), *Simancyloceras pingue* (KOENEN), *Ancyloceras trispinosum* KOENEN, *A. brevispina* KOENEN, *Toxoceratoides fustiforme* (KOENEN), *T. asperulum* (KOENEN), *T. obliquecostatum* (ROEMER)
B *Aulacoteuthis descendens* STOLLEY, *A. desc. var. desinens* STOLLEY, *A. absolutiformis* (SINZOW), *A. ascendens* STOLLEY, *A. speetonensis* (PAVLOW), *A. brevisulcatus* STOLLEY, *Oxyteuthis depressus* STOLLEY, *O. germanicus* STOLLEY, *O. brunsvicensis* (STROMBECK), *O. pugio* STOLLEY *et var. rimata* STOLLEY, *O. jasikowi* (LAHUSEN)

Bv *Aucellina aptiensis* (ORBIGNY), *Clithocytherides decumana* TRIEBEL

Apt
A *Toxoceratoides elatum* (KOENEN), *Ancyloceras deeckei* KOENEN, *A. mantelli* CASEY, *A. urbani* (NEUMAYR & UHLIG), *A. robustum* (KOENEN), *Ammonitoceras ucetiae* DUMAS
B *Neohibolites ewaldi* (STROMBECK)
Br *Symphythyris neocomiensis* (ORBIGNY)
O *Saxocythere tricostata subglabra* KEMPER, *S. t. tricostata* (TRIEBEL)
F *Gandryina dividens* GRABERT, *Valvulineria gracillina* DAM

Alb
A *Hoplites (H.) aff. escragnollensis* SPATH, *H. (H.) aff. paronai* SPATH, *Dimorphoplites pinax* SPATH, *Hoplites dentatus* (SOWERBY), *H. spathi*
B *Neohibolites minimus minimus* (MILLER)
Bv *Inoceramus (Birostrina) sulcatus* (PARKINSON)

Cenoman
A *Acanthoceras sp.*
B *Neohibolites ultimus* (ORBIGNY)

Turon
A *Scaphites geinitzi* (ORBIGNY)
E *Sternotaxis planus* (MANTELL) (Abb. 2.16 T), *Infulaster excentricus* (WOODWARD), *Echinocorys gravesi* (DESOR), *Conulus subrotundus* (MANTELL)
Bv *Inoceramus labiatus* (SCHLOTHEIM), *I. lamarcki* (PARKINSON)

Coniac
Bv *Inoceramus involutus* (SOWERBY)

Santon
B *Gonioteuthis westfalica* (SCHLÜTER), *G. granulata* (BLAINVILLE)
Bv *Inoceramus cimbricus* HEINZ

Campan
B *Gonioteuthis granulataquadrata* (STOLLEY), *G. quadrata* (BLAINVILLE), *Belemnitella ex gr. mucronata* (SCHLOTHEIM)
E *Offaster pilula* (LAMARCK), *Echinocorys conicus* (AGASSIZ), *Galerites vulgaris* (LESKE) (Abb. 2.18 T)

Maastricht
B *Belemnella ex gr. lanceolata* (SCHLOTHEIM)

(Auswahl, zusammengestellt nach KEMPER et al. 1974.)

Literatur

Geologie, Paläontologie
GUENTHER, E. W. (1969): Eine neu zusammengestellte Übersichtskarte der Insel Helgoland. Schriften d. Naturwiss. Ver. f. Schleswig-Holstein 39, 65–71
HILLMER, G., SPAETH, CHR., WEITSCHAT, W. (1979): Helgoland – Portrait einer Felseninsel. Führer zur Helgoland-Ausstellung des Geol.-Paläont. Inst. Univ. Hamburg
KRUCKOW, TH. (1979): Wirbeltier-Zähne aus dem Muschelkalk und der Kreide von Helgoland. Abh. Naturwiss. Ver. Bremen 39, 55–76
KRUMBEIN, E. W. (1975): Verwitterung, Abtragung und Küstenschutz auf der Insel Helgoland. Abh. Verh. Naturwiss. Ver. Hamburg, N.F. 18/19, 9–31
– (1979): Geologisch-paläontologische Exkursion nach Helgoland (Allgemeine Situation, Buntsandstein). 49. Jahresverslg. d. Paläont. Ges. Oldenburg/Wilhelmshaven, 38–59
–, WILCZEWSKI, N. (1973): Eine Dipnoer-Zahnplatte aus dem Buntsandstein Helgolands. N. Jb. Geol. Paläont. Monatsh. 5, 279–283
PRATJE, O. (1923): Erdgeschichte Helgolands – Geologischer Führer für Helgoland und die umliegenden Meeresgründe. Slg. Geol. Führer Bd. 23. Borntraeger, Berlin
RICKMERS, H. P. (Hrsg.) (1980): Helgoland, Naturdenkmal der Nordsee. Hamburg
SCHMIDT-THOMÉ, P. (1937): Der tektonische Bau und die morphologische Gestaltung von Helgoland. Abh. Verh. Naturwiss. Ver. Hamburg, N.F. 1, 215–249

– (1939): Geologische Betrachtungen zu einer Tiefenlinienkarte der Umgebung von Helgoland. Geol. d. Meere u. Binnengewässer 3, 61−69

SCHROEDER, H. (1912): Ein Stegocephalen-Schädel von Helgoland. Jb. Kgl. Preuß. Geol. Landesanstalt 33, 233−264

STÜHMER, H. H., SPAETH, C., SCHMID, F. (1982): Fossilien Helgolands. Teil 1: Trias und Unter-Kreide. Teil 2: Oberkreide. Helgoland/Otterndorf

WURSTER, P. (1962): Geologisches Porträt Helgolands. Die Natur, 70 (7/8), 135−150

Kreide

ERNST, W. (1927): Über den Gault von Helgoland. N. Jb. Mineral. etc., Beil. Bd. 58 B, 113−156

KEMPER, E., RAWSON, P. F., SCHMID, F., SPAETH, C. (1974): Die Megafauna von Helgoland und ihre biostratigraphische Deutung. Newsletters on Stratigraphy 3 (2), 121−137

KRÜGER, F. J. (1980): Untersuchungen über die roten Flinte von Helgoland und eine Deutung möglicher Färbungsursachen. Meyniana 32, 105−112

RAWSON, P. F. (1974): Hauterivien (Lower Cretaceous) Ammonites from Helgoland. Geol. Jb. A 25, 55−83

SCHMID, F., SPAETH, CHR. (1978): Zur Altersstellung des braunroten Kreide-Feuersteins von Helgoland. N. Jb. Geol. Paläont. Monatsh. 7, 427−429

Atlantis-Problem

GADOW, G. (1973): Der Atlantis-Streit. Zur meistdiskutierten Sage des Altertums. Frankfurt (Fischer TB 6210)

SPANUTH, J. (1965): Atlantis. Tübingen

WETZEL, W. (1967): Vom gegenwärtigen Stand des Atlantis-Problems. Meyniana 17, 111−115

3 Der Untere Muschelkalk des Elm

Eine bewaldete, grüne Insel, inmitten einer fruchtbaren Lößlandschaft, das ist der Elm. Zwischen Harz und dem Flechtinger Höhenzug, ca. 20 km SE Braunschweig, erhebt er sich bis 326 m über NN. Abseits von befahrenen Straßen und überlaufenen Fossilfundorten kann der aufmerksame Wanderer hier manchen aufgelassenen Steinbruch entdekken. Von den vielen Aufschlüssen des Unt. Muschelkalk, die es im Elm gibt, soll hier einer exemplarisch vorgestellt werden, der Steinbruch Hemkenrode.

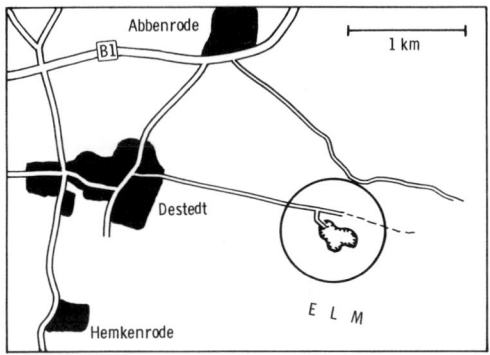

Seit fast tausend Jahren werden die Elmkalke abgebaut. Viele Kirchen und Profanbauten (Abb. 3.8 T) in Braunschweig und den umliegenden Elmdörfern bezeugen das. Der „Werkstein" wies gute Eigenschaften auf. Frisch gebrochen ließ er sich leicht bearbeiten, nicht nur als Baustein, und er wurde mit der Zeit hart und widerstandsfähig. So überstanden die Bauwerke Jahrhunderte; doch der Luftverschmutzung unserer Zeit ist er nicht gewachsen: er zerfällt sehr schnell, wie sich an vielen Bauwerken beobachten läßt.

Anfahrt und Aufschluß: Von Braunschweig auf der B 1 in Richtung Helmstedt. Vor oder in Abbenrode rechts ab nach Destedt. Im schönen alten Schloßpark stimmen uns Mammutbäume *(Sequoia)* und besonders der Ginkgo *(Ginkgo biloba)* als lebendes Fossil auf unsere Wanderung ein. Der Ginkgobaum war bereits im Mesozoikum in den subtropischen Zonen auf der Erde verbreitet. Auch die Schichten des Muschelkalk, aus denen der Elm besteht, haben sich im Erdmittelalter gebildet. In Destedt vom Schloßpark aus die Elmstraße hinauf, bis links ein zunächst stark

ansteigender, befestigter Weg durch ein romantisches Wiesental direkt in die für den Elm typischen mächtigen Buchenwälder führt. Nach einigen hundert Metern folgen wir rechts einem von Lkws ausgefahrenen Weg und stehen nach wenigen Minuten unverhofft in dem riesigen Steinbruch mit seinen hohen Steilwänden.

Weiße bis gelbbraune Kalkgesteine, zu bizarren Formen verwittert und zerklüftet, bilden die schroffen Bruchkanten. Links die rostigen Wellblechabdeckungen eines alten Förderbandes, darüber die zerborstenen Fundamente eines verfallenen Werkgebäudes. Beeindruckend die Stille im Steinbruch und die Mächtigkeit der 40 m hohen Wände. Eine kalkbodenliebende Pflanzengemeinschaft hat sich auf den ebenen Flächen angesiedelt. Auf ehemaligen Schuttkegeln wuchern harte Gräser, Himbeeren und Walderdbeeren. Ab und zu schlägt herabfallendes Gestein hart auf. Der Schutzhelm – beim Arbeiten im Stein-

Abb. 3.9. Der Stbr. Hemkenrode ist einer der zahlreichen Aufschlüsse im westlichen Elm, die die „Schaumkalk-Serie" anschneiden.

Abb. 3.10. Die gut zugänglichen Aufschlüsse im Unt. Muschelkalk locken viele „Steinsammler" an. Doch sollte man nicht so leichtsinnig sein und ohne Schutzhelm und festes Schuhwerk in den steilen Kalkmauern sammeln.

bruch unabdingbar – kann nur ein schwaches Gefühl von Sicherheit vermitteln.

Bis vor wenigen Jahren wurden hier täglich bis 1300 t Gestein gebrochen und per Seilbahn zum Elm-Kalkwerk nach Hemkenrode transportiert. Man verarbeitete das Gestein zu Branntkalk, Düngekalk und Kalk für die Bauindustrie. Gesteine mit geringem (ca. 80 %) Kalkgehalt kamen in die Zementherstellung. Die Jahresproduktion betrug ca. 75 000 t Dünge- und Baukalk und ca. 100 000 t Portland-Zement. Heute verfällt der Steinbruch, er wächst zu und dient neuerdings als Mülldeponie.

Stratigraphie: Zeitmesser Stein

Zeiten, nach Jahrmillionen gemessen, komprimieren sich in der Erdgeschichte zu Gesteinsbänken, die – übereinander gelagert – abgemessen und handgreiflich erfaßt werden können. Man kann daher eine erdgeschichtliche Tabelle aufstellen; sie wird von unten nach oben gelesen. In ihr befinden wir uns im Unt. Muschelkalk.

Das Gestein, ein grauer, gelblicher oder blauer Kalk, wurde nach seinen vielen Muscheln „Muschelkalk" oder (im Gegensatz zur alpinen Trias) „Germanischer Muschelkalk" genannt. Er ist eine marine Ablagerung aus dem Erdmittelalter. Unser Steinbruch schneidet jedoch nur einen geringen Teil der Schichten an, die sich vor ca. 200 Millionen Jahren abgelagert und im Verlauf von Jahrmillionen zu Kalkstein verfestigt haben (Diagenese). Sie sind durch Salzpressung aufgewölbt und anschließend teilweise abgetragen worden. Das erklärt, warum in der Randzone des Elm Trochitenkalke, die in den Ob. Muschelkalk gehören, ausstreichen, während die höheren Teile des Elm dem Unt. Muschelkalk entstammen.

Die Steinbrecher bezeichnen ihr Material einfach als „Werksteinbänke". Stratigraphisch gehört dieser Werkstein in die Schaumkalkserie des mu4. Aufgeschlossen ist das Gestein in einer Mächtigkeit von ca. 70 m. Der Geologe mißt das Einfallen und die Mächtigkeit der einzelnen Schichten und bestimmt die Zusammensetzung des Gesteins. So gewinnt er ein Profil, wie es – auszugsweise – Abb. 3.17 zeigt.

Das Normalprofil einer Werksteinbank im oberen Teil des Unt. Muschelkalk gliedert sich in (ERNST & WACHENDORF 1968):

Wellenkalk
Konglomerat
Schaumkalk
Hartgründe/Knauerkalke

Konglomerat
Wellenkalk

Abb. 3.11. Fundstücke aus der „Schaumkalk-Serie" (4a, 4b) des aufgelassenen Stbr. Hemkenrode (von oben nach unten): Hangendplatte mit Grabgängen (*Rhizocorallium*) und Muscheln (*Myophoria*); Muschelpflaster mit *Hoernesia socialis* SCHLOTHEIM; Konglomerat mit rötlich angewitterten Geröllen, eingebettet in einem porösen Kalkarenit.

Abb. 3.12. Schrägschichtungen und Schillagen im Muschelkalk des Braunschweiger Doms.

Lebensraum vor 200 Millionen Jahren

Zeugen vergangener Tierwelt sind zahlreich. Am leichtesten sind sie auf den Schuttkegeln am Fuß der Steilwand zu sammeln. Kalkplatten mit vielen kleinen Schnecken der Gattung *Omphaloptycha* und der Turmschnecke *Loxonema,* ferner Steinkerne der dreieckigen *Myophoria* mit ihrem scharfen Grat bilden nicht selten ganze Muschelpflaster auf den Schichtflächen der Gesteine. Ebenfalls nicht selten ist die länglich gedrehte Muschel *Hoernesia,* die häufig noch Schalenreste aufweist.

Alle diese Fossilien kommen in großen Mengen vor, die Artenzahl ist jedoch sehr begrenzt. Ursache dafür ist der hohe Salzgehalt des vom Ozean abgeschnittenen Muschelkalkmeeres. Die fossilen Muscheln und Schnecken bezeugen einen marinen Lebensraum (Biotop), der flach und sehr salzig gewesen sein muß. Auch die Bodenregionen des Flachmeeres waren bewohnt. Im Schlamm eingegraben lebten Würmer und Gliedertiere, wie ihre zahlreichen Grabgänge und Freßbauten dokumentieren, die im Gestein zu finden sind. Diese Lebensspuren tragen wissenschaftliche Namen wie *Rhizocorallium* oder *Trypanites*. Diese Namen dienen als eindeutige Kennzeichnung, sagen aber nichts über den unbekannten Erzeuger der Spuren, der Ichnofossilien, aus.

Ein eigenartiges Fundstück erregt unsere Aufmerksamkeit, eine herabgestürzte Schillkalkplatte mit vielen eingelagerten, flachen, kantengerundeten Geröllen. Dieser Schillkalk ist ein Konglomerat (Abb. 3.3 T, 3.11), ein Produkt der Ablagerung im flachen, küstennahen Wasser; die Scheibengerölle, die in den Schillkalk eingebettet sind, sind verhärteter Schlick, wie man ihn auch im Watt der Nordseeküste beobachten kann.

Auf der Suche nach den Zeugen der Vergangenheit fällt uns sicher irgendwann auch eine Kalkplatte in die Hand, auf der Rillen wie kleine Bäche zusammenfließen, sich wie ein Flußsystem vereinigen. Der Vergleich ist gar nicht so falsch, denn es handelt sich um „Rieselmarken". Als der Meeresspiegel sank, verrieselte das Wasser, und das Watt verhärtete unter starker Sonneneinstrahlung so schnell, daß die Spuren nicht mehr vom zurückkehrenden Wasser verwischt werden konnten. Häufiger als „Rieselmarken" sind die linienhaft angeordneten Schwundrisse (Kontraktionsrisse) der „Blaukalke".

So überliefert uns der Stein für die Zeit vor 200 Millionen Jahren, als auf dem Festland die Vorläufer der Ginkgobäume grünten, daß hier ein küstennahes Flachmeer, ähnlich dem heutigen Wattenmeer, existierte.

Abb. 3.13. Schema der Stylolithenbildung (unten) mit Drucksuturen (oben) aus dem Unt. Muschelkalk des Elm (siehe auch Abb. 3.4 T). Stylolithen sind säulige, längsgestreifte Gebilde in Kalksteinen, die, ähnlich den Drucksuturen, Verzahnungen zwischen zwei Gesteinsschichten darstellen. Sie entstanden unter chemischer Auflösung und Druck im festen Gestein. Die den Stylolithen als Kappen aufsitzenden Tonhäutchen oder Fossilien (hier die Brachiopoden *Coenothyris vulgaris* SCHLOTHEIM) wurden nicht gelöst und blieben erhalten. Drucksuturen sind dünne, als zackige Naht erscheinende Tonhäutchen in Kalksteinen. Sie sind unlösliche Rückstände eines Lösungsvorganges; CO_2-haltige Porenwässer wirkten auf druckbelastete Schichtflächen besonders lösungsintensiv.

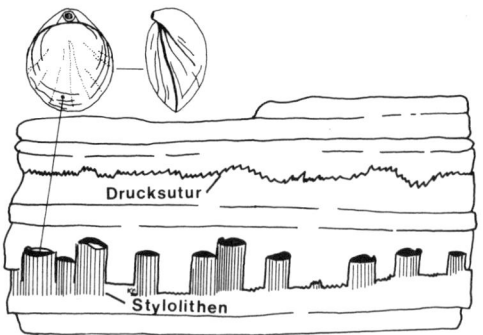

Drucksutur

Stylolithen

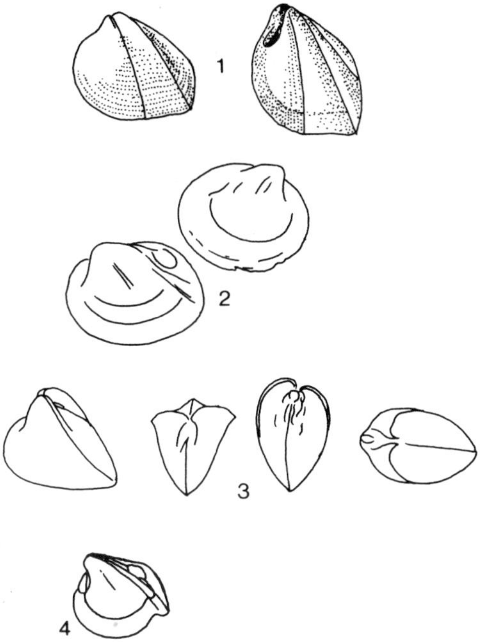

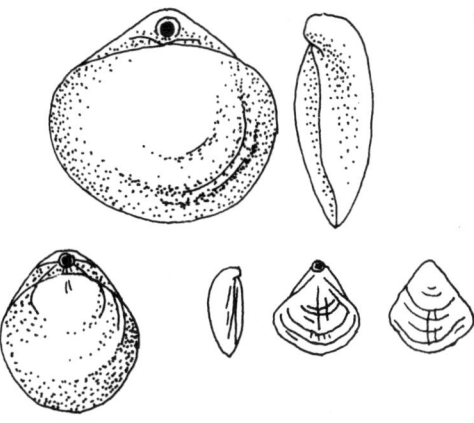

Abb. 3.14. Myophorien aus dem Unt. Muschelkalk. 1 *M. vulgaris* SCHLOTHEIM, eine mittelgroße Art (bis 50 mm lang) mit konzentrischer Streifung; 2 *M. orbicularis* BRONN, kleinere Form (bis 24 mm lang), Umriß kreisförmig, ohne Arealkante; 3 *M. cardissoides*, bis 27 mm große Steinkerne, die dreiseitig scharfkantig gewölbt sind. Muskeleindruck gut sichtbar; 4 *M. incurvata* SEEB, kleine Art (bis 16 mm lang) mit stark gekrümmtem, vorspringendem Wirbel und kräftiger Arealkante.

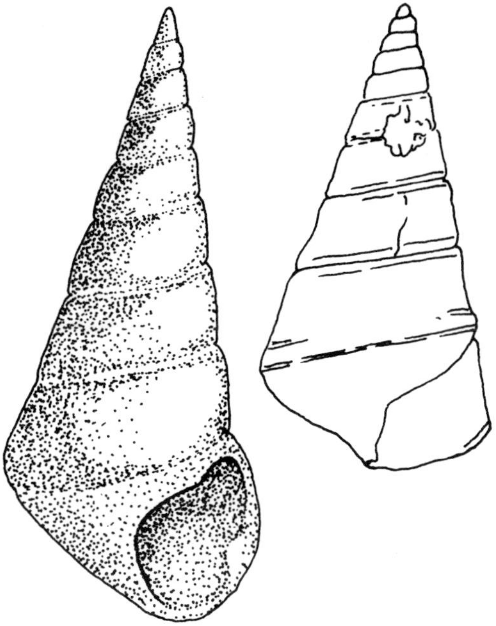

Abb. 3.15. *Undularia scalata* SCHLOTHEIM, bis 14 cm große Schnecke mit schwach gewölbten, glatten Anfangswindungen. Unt. Muschelkalk.

Abb. 3.16. *Coenothyris vulgaris* SCHLOTHEIM, eine Brachiopodenart mit sehr unterschiedlichen Formen: flache, kurze Form (oben) und kleine, rhombische Form (unten) aus dem Unt. Muschelkalk.

Hemkenrode

Breite Berg

Froese u. Peschel

Abb. 3.17. Feinstratigraphie der „Schaumkalk-Serie" des Stbr. Hemkenrode mit den Vergleichsprofilen von zwei weiteren Aufschlüssen im Elm. Die Werksteinbänke (4a, 4b) bestehen aus denselben Gesteinstypen: schaumigporösem, oolithischem Kalkarenit, knauerigen Kalken und Hartgrundkalken. Sie werden durch Konglomeratlagen begrenzt (nach ERNST & WACHENDORF 1968).

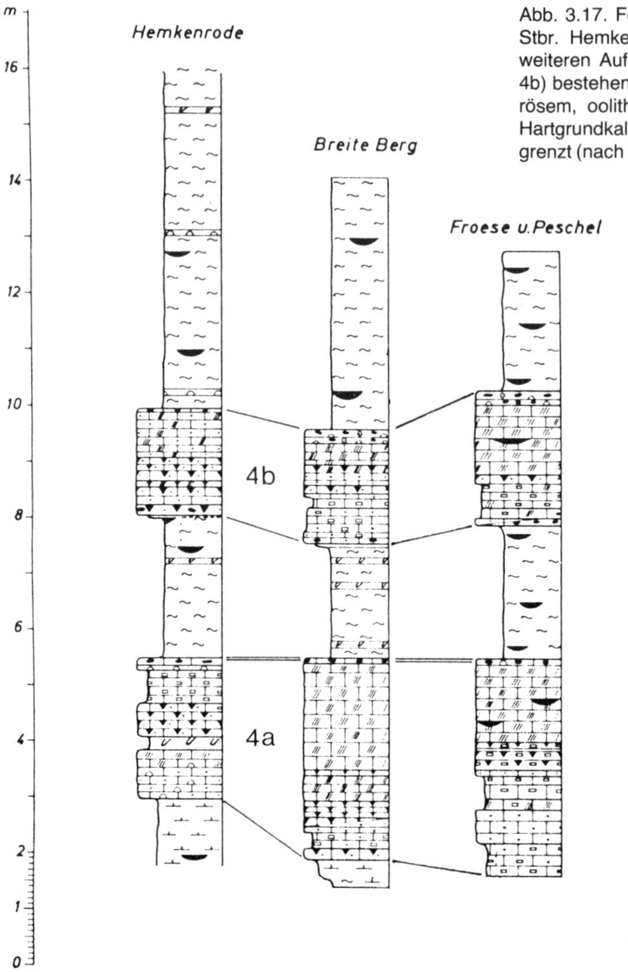

4b

4a

	Schaumkalk
	schräggeschichteter Schaumkalk
	dichter Kalk
	Knauerkalk
	knaueriger Schaumkalk mit Hartgrund – Dachfläche
	Kalk – Konglomerate
	vereinzelte Scheibengerölle in dichtem Kalk
	Kalk mit Hartgründen
	plattiger Mergelkalk
	flaserig-welliger Mergelkalk (Wellenkalk' s. str.
	dünne Mergellage
	Schillkalk, schillreicher Schaumkalk
	Schillkalk mit Geröllen und Crinoiden
	Priele mit Schillfüllung
	Ichnofossil – Lage
	Auskeilende Gesteinsbank

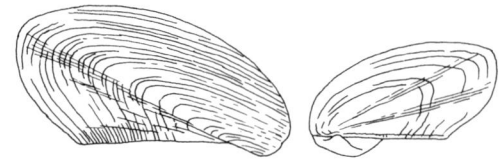

Abb. 3.18. *Hoernesia socialis* SCHLOTHEIM, häufige Muschel mit schiefem Achsenwinkel. Rechte Klappe fast flach mit zwei schwachen Kanten; kräftige Anwachsstreifen. Unt. Muschelkalk.

Weitere Aufschlüsse

Die „Schaumkalk-Serie" des Unt. Muschelkalk ist im westlichen Elm durch zahlreiche, begehbare Steinbrüche aufgeschlossen, in denen z. T. noch Kalkstein gebrochen wird (zeitweiser Abbau in 6b und 7):
1 Hemkenrode; 2a Breite-Berg-Ost; 3 Tiefental-West; 4 Tiefental-Ost; 5a Reckling-Süd; 5b Reckling-Nord; 6a Zerries; 6b Peters; 7 Froese & Peschel; 8 Tetzel (die Numerierung bezieht sich auf Abb. 3.20).
Alle genannten Aufschlüsse sind auf dem Meßtischblatt (MTB) 3730 Königslutter zu finden.
Die genannten Steinbrüche, dazu noch weitere vom Dorm, von der Asse, den Lichtenbergen und dem Salzgitter-Höhenzug, waren

Grundlage vergleichender Untersuchungen und feinstratigraphischer Bearbeitung (Ernst & Wachendorf 1968). Nach ihren Ergebnissen unterscheiden sich im Schichtprofil Fazies, Ökologie und Sedimentation des Unt. Muschelkalk des Elms von denen anderer Muschelkalk-Aufschlüsse; lediglich die Konglomeratlagen lassen sich über mehrere Kilometer verfolgen und korrelieren. Placodontier- und Nothosaurier-Reste deuten auf einen küstennahen Ablagerungsraum.

Abb. 3.20. Geologische Karte des westlichen Elm mit Aufschlüssen im Unt. Muschelkalk. Aufschl. 1–8 siehe Liste links, 9 Kneitlingen-Ost, 10 Kneitlingen-West (MTB 3830 Schöppenstedt) (zusammengestellt nach Ernst & Wachendorf 1968).

Abb. 3.19. *Loxonema fritschi* Picard, schlanke, bis 53 mm hohe Gehäuse mit sechs stark gewölbten Umgängen. Nähte tief eingeschnitten. Unt. Muschelkalk. (Abb. 3.14–3.17 und 3.19 zusammengestellt nach Schmidt 1928 und Brinkmann 1960).

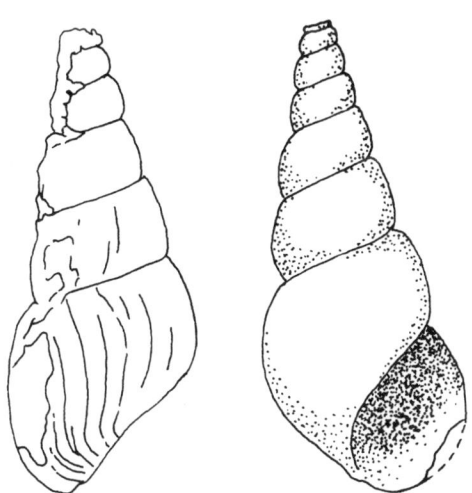

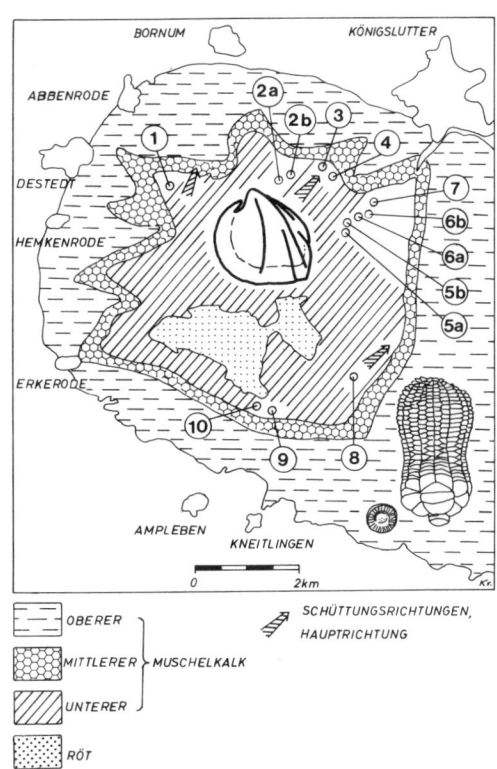

Fossilien und Gesteine aus dem Unt. Muschelkalk von Hemkenrode

B Brachiopoda, **Bv** Bivalvia, **G** Gastropoda, **V** Vermes

Körperfossilien

B *Coenothyris vulgaris* SCHLOTHEIM

Bv *Gervilleia (Hoernesia) socialis* SCHLOTHEIM, *Myophoria vulgaris* SCHLOTHEIM, *Myophoria sp., Placunopsis sp.*

G *Loxonema fritschi* PICARD, *Undularia scalata* SCHLOTHEIM, *Turbonella sp., Omphaloptycha sp.*

V *Spirorbis valata, Serpula sp.*

Spurenfossilien

Rizocorallium (Spreitenbauten), *Trypanites* (Bauten, Bohrlöcher), *Balanoglossites* (Bauten, Bohrlöcher), biogene Sedimentaufbrüche (vermutlich derselbe Erzeuger wie bei den Spreitenbauten)

Marken und Gesteine

Stylolithen, Drucksuturen, Konglomerate, Kontraktionsrisse (Schwundrisse), Rieselmarken, Schillkalke, blaue und gelbe Kalksteine

Literatur

ERNST, G., WACHENDORF, H. (1968): Feinstratigraphisch-fazielle Analyse der „Schaumkalk-Serie" des Unteren Muschelkalkes im Elm (Ost-Niedersachsen). Ber. Naturhist. Ges. Beih. 5, 165—205

HÄNTZSCHEL, W. (1953): Zur Frage der Kennzeichen fossiler Wattenablagerungen. Natur und Volk 83, 8, 255—262

HOEHNE, E. (1910): Stratigraphie und Tektonik der Asse und ihres östlichen Ausläufers, des Heeseberges bei Jerxheim. Jb. Kgl. Preuß. Geol. Landesanstalt 32, 1—105

HUCKRIEDE, R. (1967): Neues zur Geologie des Elms (Niedersachsen). Geologica et Palaeontologica 1, 87—95

MURR, K. (1957): Stratigraphie und Genese des Unteren Muschelkalks (Wellenkalk) im nördlichen Harzvorland. Diss. TH Braunschweig

SCHMIDT, M. (1928): Die Lebewelt unserer Trias. Rau, Öhringen

4 Auf der Suche nach Seelilien und Ceratiten

Frühjahr 1981. Zwischen Hemkenrode und Erkerode im Elm soll wieder vermehrt Kalkstein abgebaut werden. Einige Bürger sind aufgeschreckt und protestieren; der Naturpark Elm-Lappwald soll nicht angeblichen wirtschaftlichen Zwängen geopfert werden. Schlagzeilen wie „Der Elm wird gesprengt!" zeigen die Besorgnis der Öffentlichkeit.

Fossiliensammler würden allerdings einen erneuten Abbau, besonders im Ob. Muschelkalk, begrüßen; würde er doch die Chancen verbessern, die attraktiven Seelilienkronen von *Encrinus liliiformis* LAMARCK zu finden.

Anfahrt: Von Braunschweig in SE-Richtung oder von Goslar auf der B 82 nach Schöppenstedt. Schöppenstedt liegt im südlichen Elmvorland und bildet mit Königslutter und Schöningen ein Dreieck. Von hier aus können sämtliche Sammelexkursionen durchgeführt werden.

Geologie

Die Trochitenkalke des Ob. Muschelkalk liegen am Rande des Elm (Abb. 3.20); in dessen zentralen Teilen steht der Unt. Muschelkalk und zwischen beiden der Mittl. Muschelkalk an, entsprechend dem Einfallen der Schichten in Richtung auf das Elmvorland.

Die Trochitenbänke sind in zahlreichen Steinbrüchen aufgeschlossen, da sie zur Herstellung von Branntkalk – Trochitenkalk besitzt einen sehr hohen Kalkgehalt (über 95 %) –

und als Baumaterial abgebaut wurden, besonders intensiv in der Gegend um Erkerode. So wurden dort im Laufe der Zeit viele hundert schöner Seelilienkelche von *Encrinus liliiformis* gefunden (Abb. 4.8, 4.9, 4.15).

In dem mit 50−80 m nur schmalen Ausbiß des Trochitenkalkes gibt es zahlreiche aufgelassene und zugewachsene Aufschlüsse. Nur noch

Trochitenkalk: Profil von Kniestädt bei Salzgitter (nach KLEINSORGE 1935).

Hangendes:	Tonplatten
	2,30 m oolith. Trochitenkalk mit Glaukonit
	6,48 m Tonplatten
	2,25 m Trochitenkalk, lagenweise oolithisch
	0,60 m Ton mit mehreren unreinen Kalken
	1,20 m Trochitenkalk
	0,50 m mergeliger Ton
	0,40 m Trochitenkalk
	0,45 m Kalkbänke mit Mergeln
	1,00 m dichter Kalk mit Trochiten
Liegendes:	4,45 m Basisschichten

in ganz wenigen Steinbrüchen wird der Unt. Muschelkalk gebrochen.

Der 6−8 m mächtige Trochitenkalk bildet die Basis des Ob. Muschelkalk (Tabelle S. 49). Er ist bankig ausgebildet, mit oolithischen Anteilen. Trochiten sind die Stielglieder von Seelilien (von griechisch *trochos,* Rad, runde

Gliederung der Ceratitenschichten nach Leitformen in 10 Zonen.

Obere Ceratitenschichten (40−70 m über Trochitenkalk)	C. semipartitus C. dorsoplanus C. intermedius C. nodosus
Mittlere Ceratitenschichten (15−40 m über Trochitenkalk)	C. spinosus C. evolutus C. compressus
Untere Ceratitenschichten (0−15 m über Trochitenkalk)	C. robustus C. pulcher C. atavus

Abb. 4.7. Typische Elm-Landschaft (Blick auf Ampleben). Foto F. J. Krüger.

Tafel 3

Abb. 2.8. *Simbirskites (Craspedodiscus) gottschei* (KOENEN), leitender Ammonit des Hauterive. Von Pyrit völlig in Brauneisen übergegangener „Eisenkern". Slg. J. Weidemann.

Abb. 2.9. Zwei Klappen der Auster *Aetostreon latissimum* (LAMARCK), syn. *Exogyra catoni* DEFRANCE. Unt. Valangin – Hauterive. Obere Klappe mit dem Abdruck eines Ammoniten, auf dem die Auster aufgewachsen war. Slg. J. Weidemann.

Abb. 2.10. *Simbirskites (Craspedodiscus) phillipsi* (ROEMER). Ob. Hauterive; goldfarbiger Pyritkern. Slg. J. Weidemann.

Abb. 2.11. *Thracia phillipsi* ROEMER, phosphatisierter Muschelsteinkern mit Schrumpfungsrissen.

Abb. 2.12. *Nautilus sp.,* außen Pyritschale, innen Tonsteinausfüllung, durchsetzt mit Wurm-Grabgängen. Slg. J. Weidemann.

Abb. 2.13. Die beliebten „Helgoländer Katzenpfötchen", Kammerausfüllungen der Ammonitengattungen *Ancyloceras, Toxoceratoides, Simbirskites* und *Crioceratites.*

Abb. 2.14. *Phylloceras sp.,* Pyrit-Ammoniten aus der Unterkreide. Slg. J. Weidemann.

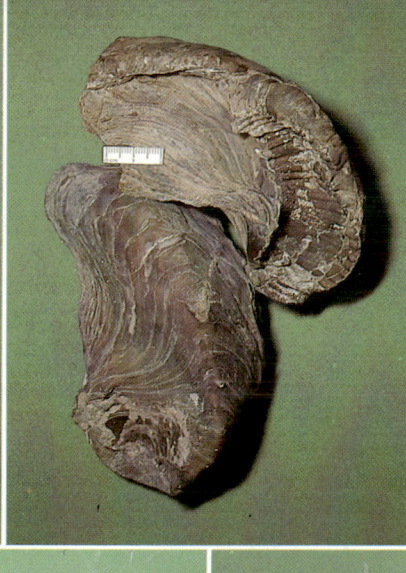

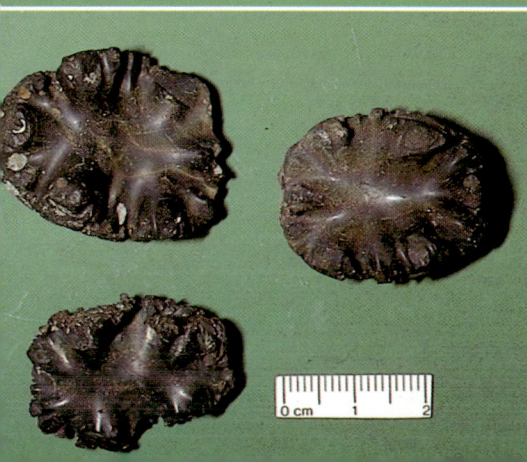

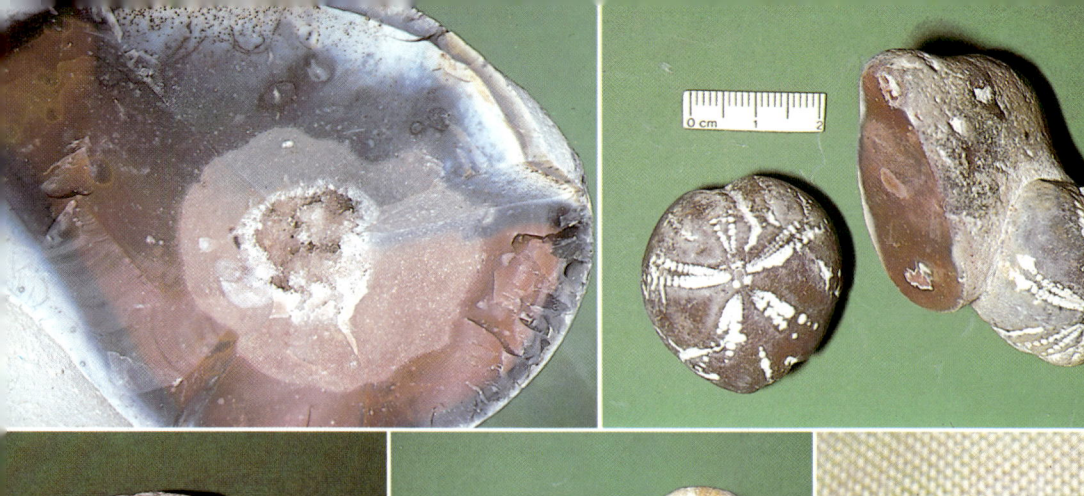
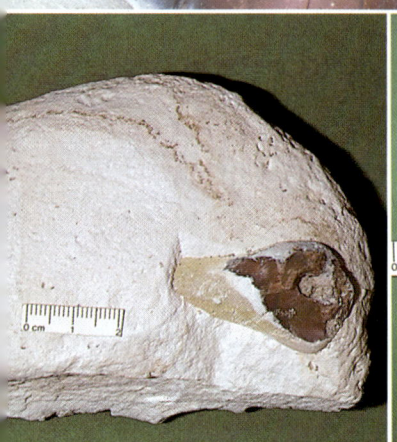

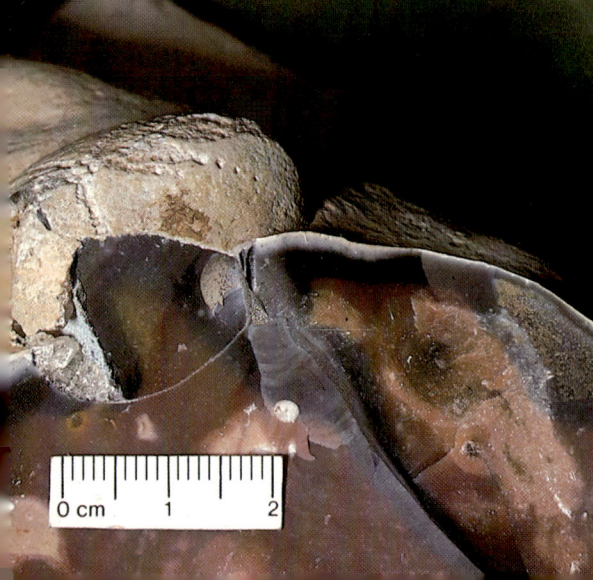

Tafel 4

Abb. 2.15. Flintgeröll: roter Flint mit schwarzer Zone, weißer Verwitterungsrinde und kleiner Quarzdruse, in der sich einige winzige Doppelender befinden. Auf der Bruchfläche oben Pyritdendriten. Durchmesser 7,5 cm; vom Strand der Düne.

Abb. 2.16. Flintsteinkerne von *Sternotaxis planus* (MANTELL) mit weißer „Patina" in den Ambulakralien. Mittl. Turon.

Abb. 2.17. Spongienrest aus dem roten Flint im Muttergestein (Weiße Schreibkreide). Aus dem Strandgeröll der Düne.

Abb. 2.18. Vier besonders schöne Flintsteinkerne von *Galerites vulgaris* LESKE. Slg. J. Weidemann; Foto G. Klischies.

Abb. 2.19. Flintsteinkern eines abnormen Seeigels mit vier anstatt fünf Ambulakralien („Vierstrahler"). Basalansicht; Durchmesser 2 cm. Slg. J. Weidemann; Foto G. Klischies.

Abb. 2.20. Im roten Flint eingebetteter *Cardiaster cotteauanus* ORBIGNY. Die Calcitdruse, eine sog. fossile Wasserwaage, im Mundbereich des Seeigels zeigt die Einbettungslage. Wegen der extremen Dünnschaligkeit ist diese Art selten zu finden. Aus dem Strandgeröll der Düne.

Abb. 2.21. Rötlich-weißes Kreidegeröll (Unterseite des Stücks Abb. 2.17) mit vielen länglichen Bohrlöchern, den Wohnröhren des rezenten Wurmes *Polydora ciliata* JOHNSTON (Polychaeta, Sedentaria). Die Muschelkalk- und Kreidegeröll von der Düne sind häufig mit solchen „Bohrlöchern" übersät.

Abb. 4.8. *Encrinus liliiformis* LAMARCK aus dem Ob. Muschelkalk von Erkerode. Typisch die kurze, gedrungene Form der Kronen mit zehn Armen. Etwa natürliche Größe. Slg. O. Klages; Foto D. Willeke.

Scheibe), die in gesteinsbildender Häufigkeit auftreten (Abb. 4.5 T). Typisch für Trochiten ist der spätige Bruch. Sie bestehen aus Calcit, der sich diagenetisch aus dem Carbonat der Crinoiden-Skelette bildete. In jüngerer Zeit konnten im Elm auch Muschel-Crinoiden-Bioherme nachgewiesen werden, eng umgrenzte, riffartige Bildungen.

Für die Ceratitenschichten des Ob. Muschelkalk gilt das gleiche wie für die Trochitenbänke. Es gibt kaum noch Aufschlüsse, die nicht verfallen, verschüttet oder mit Müll verfüllt sind. Tröstlich ist jedoch, daß auch früher schon die besten Funde an den Hängen des Elm und auf den Äckern des Elmvorlandes gemacht wurden. Hier hat nämlich die Verwitterung die Ceratiten-Steinkerne meist schon sehr schön „freipräpariert".

53

Abb. 4.9. Wie eine fossile Momentaufnahme wirkt diese Rarität: Trochitenkalk-Platte mit fünf Kronen der Seelilie *Encrinus liliiformis* mit zusammenhängenden Stielteilen, Trochiten und der Muschel *Plagiostoma* (syn. *Lima*) *striata* (SCHLOTHEIM). Größe der Platte 32 × 43 cm; Ob. Muschelkalk von Erkerode/Elm. Slg. O. Klages; Foto D. Willeke.

Abb. 4.10. *Chelocrinus carnalli* (BEYRICH), Seelilie mit 20 Armen. Größe 5 cm; Unt. Muschelkalk von Königslutter. Slg. O. Klages; Foto D. Willeke.

Stufe	nördl. Harzvorland	Fazies
Ob. Muschelkalk	Ceratiten-Schichten	Tonplatten 30 bis 45 m
	Trochitenkalk	0 bis 14 m

Gliederung und Fazies des Ob. Muschelkalk (nach CLAUS 1955, verändert).

Aufschlüsse und Fossilien

Erkerode (ca. 8 km NW Schöppenstedt) ist als *der* Fundort schöner Seelilien bekannt geworden. Die Art *Encrinus liliiformis* LAMARCK mit der gedrungenen, robusten Krone tritt am häufigsten auf und ist in zahlreichen Sammlungen vertreten.

Im Ortsbereich von Erkerode gibt es einige Aufschlüsse: aufgelassene, zugewachsene und z. T. verstürzte Steinbrüche. Gegenüber dem Wanderparkplatz Westenhölzchen befindet sich eine noch zugängliche Steinbruchwand (Abb. 4.1 T; 4.17). An ihrem Fuße können aus der Wand herausgewitterte Trochiten aufgesammelt werden; man findet auch *Plagiostoma striata* und andere Muscheln. Eine Seelilienkrone in den Trochitenkalken zu entdecken, ist immer möglich.

Ein weiterer aufgelassener Steinbruch mit Fundchancen liegt ca. 500 m nordwestlich des Wasserwerkes am NE-Rand von Erkerode. Grundsätzlich sind die Fundmöglichkeiten nicht mehr groß, da neue Aufschlüsse fehlen; Überraschungsfunde sind aber jederzeit zu machen. Wenn in den alten Steinbrüchen heute auch ganze Kronen rar sind, kann der geologisch Interessierte doch immer schöne Handstücke aus dem Trochitenkalk, ausgewitterte Trochiten, Kronenteile und (als Lesefunde auf den Äckern) Ceratiten, mitnehmen.

Fossilien aus dem Muschelkalk, insbesondere schöne Seelilien und Ceratiten, befinden sich im Heimatmuseum von Schöningen sowie in zahlreichen Privatsammlungen; besonders hervorzuheben sind die Sammlungen O. Klages (Königslutter), O. Rummel (Hoiersdorf) und O. Lüer (Bornum). Die Sammlung Klages kann nach telefonischer Absprache besichtigt werden (Westernstraße 9, 3308 Königslutter, Tel. 0 53 53 / 23 26).

Cephalopoden des Unt. Muschelkalk

Nautiloidea
Nautilus dolomiticus QUENSTEDT, *Germanonautilus bidorsatus* (SCHLOTHEIM), *Pleuronautilus stautei* FRITSCH

Ammonoidea
Beneckeia buchi ALBERTI, *B. wogauana* MEYER, *Beyrichites cognatus* WAGNER, *Hungarites strombecki* GRIEPENKERL, *Balatonites beyrichi* FRECH, *B. spinosus* PICARD, *Ceratites sondershusanus* PICARD, *C. antecedens* BEYRICH, *C. fritschi* SCHMIDT, *Arniotites schmerbitzii* FRITSCH, *A. stautei* FRITSCH, *Ptychites beyrichi* FRITSCH, *P. dux* GIEBEL

Cephalopoden des Ob. Muschelkalk

Nautiloidea
Germanonautilus bidorsatus (SCHLOTHEIM), *Nautilus suevicus* PHILIPPI

Ammonoidea
Ceratites luzifer ROTHE, *C. compressus* SANDBERGER, *C. raricostatus* RIEDEL, *C. evolutus* PHILIPPI, *C. armatus* PHILIPPI, *C. praecursor* RIEDEL, *C. subspinosus* STOLLEY, *C. praespinosus* RIEDEL, *C. spinosus* PHILIPPI, *C. muensteri* DIENER, *C. riedeli* STOLLEY, *C. humilis* PHILIPPI, *C. postspinosus* RIEDEL, *C. posseckeri* ROTHE, *C. hofmanni* ROTHE, *C. laevigatus* PHILIPPI, *C. enodus* (QUENSTEDT), *C. penndorfi* ROTHE, *C. similis* RIEDEL, *C. nodosus* (BRUGUIERE), *C. herzynus* RIEDEL, *C. alticella* GEISLER, *C. elegans* GEISLER, *„Ceratites fastigatus"* CREDNER (ringrippige Ceratiten werden als Fastigaten zusammengefaßt), *Discoceratites levalloisi* (BENECKE), *D. intermedius* (PHILIPPI), *D. dorsoplanus* (PHILIPPI), *D. bivolutus* RIEDEL, *D. semipartitus* (MONTFORT), *D. meissnerianus* PENNDORF, *Progonoceratites atavus* (PHILIPPI), *P. pinguis* (GEISLER), *P. flexuosus* (PHILIPPI), *P. sequens* (RIEDEL), *P. primitivus* (RIEDEL), *P. discus* (RIEDEL), *P. pulcher* (RIEDEL), *P. laevis* (RIEDEL), *P. robustus* (RIEDEL), *P. romanicus* (RIEDEL), *P. philippi* (RIEDEL)

System der Muschelkalk-Cephalopoden

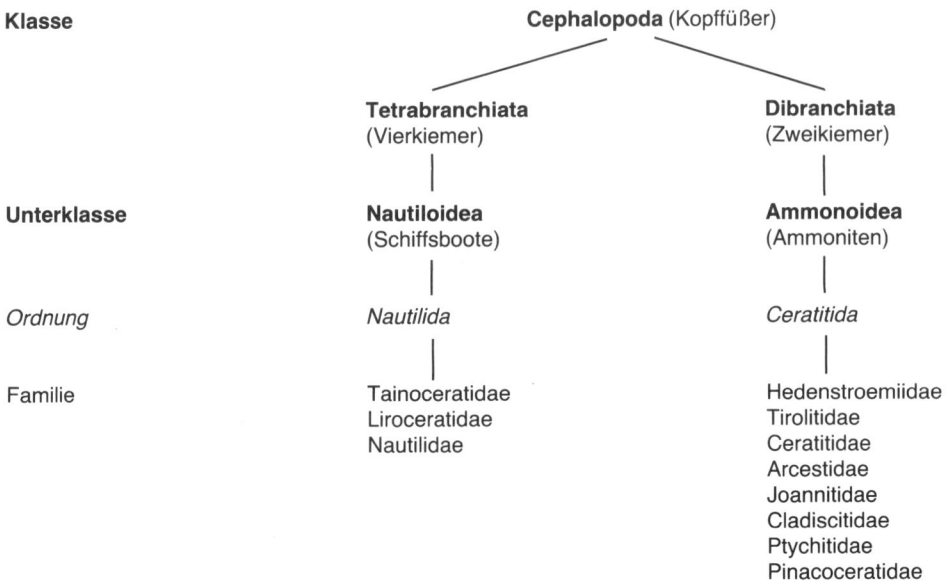

Klasse		Cephalopoda (Kopffüßer)	
	Tetrabranchiata (Vierkiemer)		**Dibranchiata** (Zweikiemer)
Unterklasse	**Nautiloidea** (Schiffsboote)		**Ammonoidea** (Ammoniten)
Ordnung	*Nautilida*		*Ceratitida*
Familie	Tainoceratidae Liroceratidae Nautilidae		Hedenstroemiidae Tirolitidae Ceratitidae Arcestidae Joannitidae Cladiscitidae Ptychitidae Pinacoceratidae

Trochiten in Brauchtum und Volksglauben

Wer kennt sie nicht, die kleinen Scheiben, die die langen Stiele der Seelilie *Encrinus* bildeten. Sie regen noch heute unsere Phantasie an und fehlen in kaum einer Fossiliensammlung. Schon unsere Vorfahren kannten und sammelten diese „Steinchen", die an die lebensspendende Sonne erinnern; denn vom Mittelpunkt, dem Zentralkanal, verlaufen schmale Rillen strahlenförmig zum Rand. Ältestes Zeugnis dieser Wertschätzung ist ein jungsteinzeitliches Grab von Peu-Pierreonx, Bois in Frankreich, in dem man Trochiten fand. Der Achskanal war aufgebohrt, was auf eine Verwendung in einer Schmuckkette deutet.

Die Germanen maßen den Trochiten als Heilmittel gegen Fieber und als Talisman große Bedeutung bei und trugen sie in Ketten um den Hals. Als Bonifatius (673–754) die Germanen missionierte, gebot er, die Sonnenradsteine – heidnische Symbole – den Priestern abzugeben. So sind aus ihnen die St. Bonifatius-Pfennige geworden. Noch im Jahr 1714 wurden Trochiten in den Apotheken als Heilmittel verkauft. Sie sollten Gliederschmerzen und, wenn man sie auf dem Rücken trug, Epilepsie vertreiben; sie sollten Tapferkeit fördern und die Nachgeburt erleichtern. Sie halfen gegen Furcht, besonders gegen den

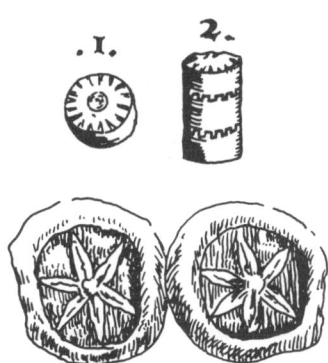

Abb. 4.11. Oben: Die ersten Abbildungen und in die Wissenschaft eingegangenen Beschreibungen stammen von Conrad GESNER 1565. Er nannte die Einzelglieder „Trochiten" (1) und mehrere, noch im Zusammenhang stehende Stielglieder „Entrochus" (2). Unten: „Fieberbrote", wie sie noch bis etwa 1905 in der Gegend von Lindau/Bodensee verkauft wurden. Sie wurden, ebenso wie die „heidnischen" Trochiten, zur Bekämpfung fiebriger Erkrankungen eingenommen (nach GESNER und BRÜCKMANN aus ABEL 1939).

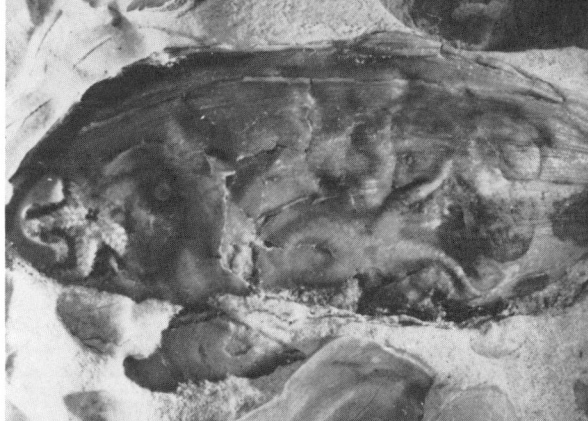

Rechts von oben nach unten:

Abb. 4.12. *Ceratites cf. nodosus* (BRUGUIERE) mit gut erhaltenen Lobenlinien. Die Lobenlinien der Ceratiten sind durch glatte Sättel und feingezackte Loben gekennzeichnet. Durchmesser 6 cm; Ob. Muschelkalk, Ceratitenschichten von Schöningen/Elm. Slg. und Foto O. Rummel.

Abb. 4.13. Die Muschel *Hoernesia socialis* SCHLOTHEIM mit zwei Schlangensternen *Aspidura scutellata* BLUMENBACH. Vermutlich haben die Schlangensterne die Muschelschale als Versteck benutzt und sind darin, sicher vor Zerstörung, einsedimentiert worden. Ob. Muschelkalk, Schöningen/ Elm. Länge der Muschel 4 cm. Slg. und Foto O. Rummel.

Abb. 4.14. Bruchstück von *Nautilus* mit perlschnurartigem Sipho. Länge 9 cm; Ob. Muschelkalk, Schöningen/Elm. Slg. und Foto O. Rummel.

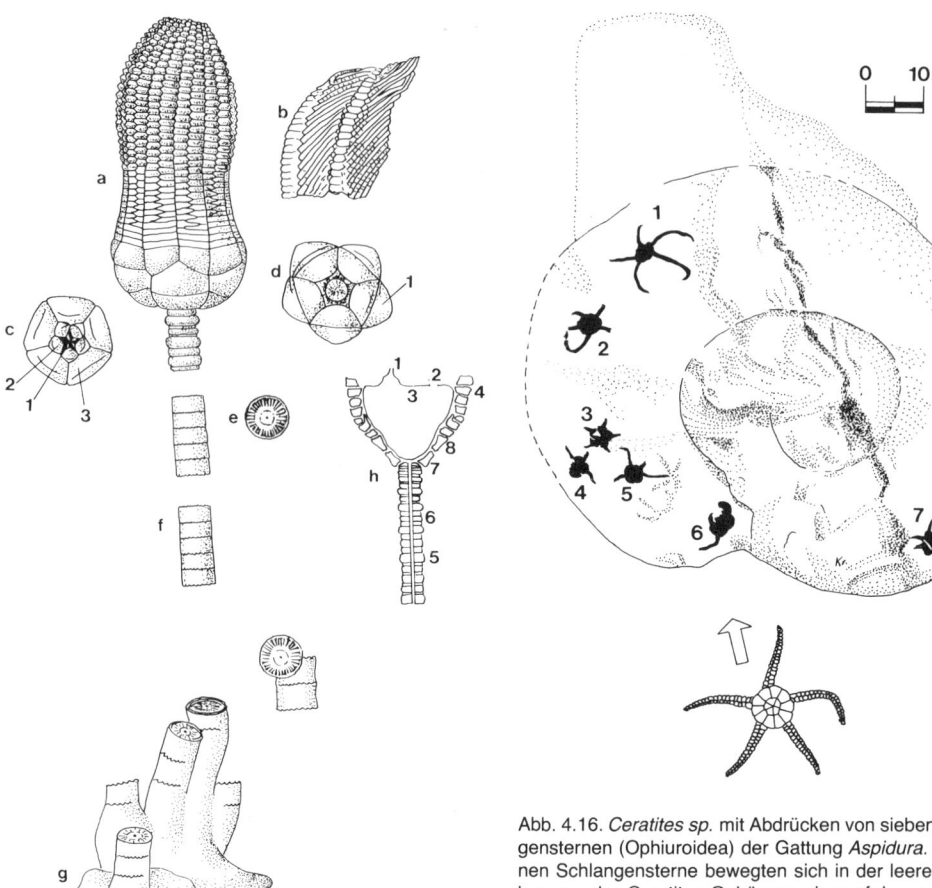

Abb. 4.15. Morphologie der Seelilie *Encrinus liliiformis* LA-MARCK. a vollständige Krone mit Stielansatz; b zwei Armstücke mit Pinnulae; c Kelchbasis von unten (Aboral- oder Stielseite): 1 Infrabasalia, 2 Basalia, 3 Radialia; d Kelchbasis von unten, Infrabasalia durch das letzte Stielglied verdeckt: 1 Brachialia nach außen geklappt; e Gelenkfläche eines Stielgliedes (Trochit); f Trochiten von der Seite; g Stielenden mit inkrustierenden Haftscheiben oder Wurzeln; h schematischer Schnitt durch Theka und oberen Stielteil: 1 After, 2 Mund, 3 Kelchdecke, 4 Armglieder, 5 Nodalia, 6 Internodalia in verschiedenen Generationen, 7 Basalia, 8 Radialia. (Zusammengestellt nach verschiedenen Autoren.)

Abb. 4.16. *Ceratites sp.* mit Abdrücken von sieben Schlangensternen (Ophiuroidea) der Gattung *Aspidura*. Die kleinen Schlangensterne bewegten sich in der leeren Wohnkammer des Ceratiten-Gehäuses, das auf dem schlammigen Meeresboden lag. Durch rasche Sedimentverfüllung wurde es für sie zur Todesfalle. Nach Auflösung des aragonitischen Ceratiten-Gehäuses blieb nur noch der Steinkern mit den Schlangenstern-Abdrücken übrig, von denen sich mit Knetmasse gute Abdrücke anfertigen lassen. Unten: Rekonstruktion (vergrößert) von *Aspidura*. Ob. Muschelkalk; Lesestein von einem Acker am südlichen Elmrand. Slg. R. Titze.

Abb. 4.18 (rechts). Lebensbild eines Muschel-Crinoiden-Bioherms. (A) beginnende Gerüstbildung durch (B) festgewachsene *Enantiostreon*- und *Philippiella*-Klappen (C), die von Pionier-Encrinen und einer zweiten Terquemien-Siedlungswelle bewachsen sind. Im Umkreis Gruppen flexosessiler Muscheln *Myalina* (E), *Mytilus* (F) und *Plagiostoma* (D) und Brachiopoden *Coenothyris* (G) (aus HAGDORN 1978).

58

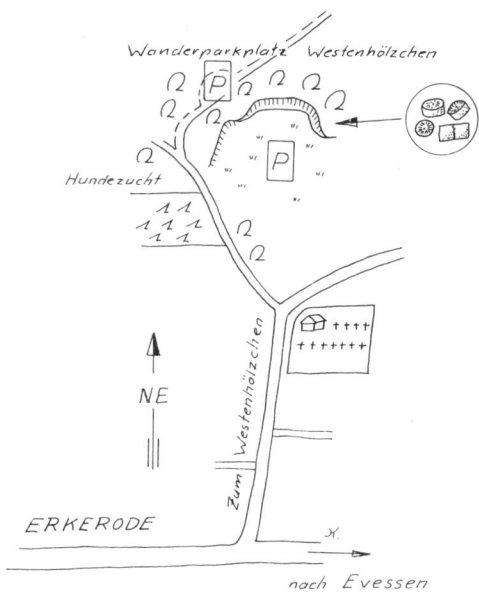

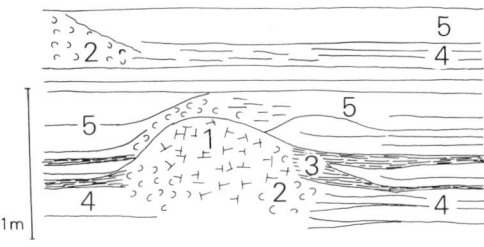

Abb. 4.19. Schematisierter Schnitt durch einen Muschel-Crinoiden-Bioherm, wie er ähnlich im ehemaligen Zementwerk Hoiersdorf angeschnitten ist. 1 dichtes Terquemiengerüst mit stellenweise sehr dichtem Crinoidenbewuchs; 2 bröckelige, tonreiche Biohermfazies mit einzelnen Crinodenwurzeln; 3 Tonstein mit dichtgepackten Stiel- und Armabschnitten, Haftscheiben und ganzen Crinoiden; 4 Encrinus-Platten mit dünnen Tonsteinschichten, mit ganzen Crinoiden auf den Schichtflächen; 5 massige Crinoiden-Schillbänke (aus HAGDORN 1978).

Abb. 4.17. Beispiel einer Feldbucheintragung: Aufschluß im Trochitenkalk des Ob. Muschelkalk, Erkerode/Elm. Anfahrt von Erkerode in Richtung Evessen, gegenüber vom Friedhof die Straße „Zum Westenhölzchen" bis zum Wanderparkplatz. Gute Sammelmöglichkeiten für Seelilien, ausgewitterte Trochiten, Trochitenplatten und Muscheln der Gattung Plagiostoma. NW Erkerode alte Aufschlüsse auf dem Butterberg. Weiterhin zahlreiche Aufschlüsse E Evessen.

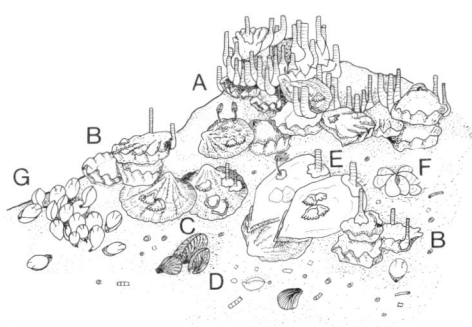

Nachtschrecken, gegen „Melancholy", giftige Tiere, Nasenbluten, Schwindel, Nieren- und Lendenweh, dienten der Verlängerung des Lebens und stärkten das Ingenium. Den Trochiten ähnlich waren sogenannte Anis- oder „Sternküchlein", die um 1730 ebenfalls in Apotheken zu haben waren; ebenso die „Fieberbrote", die nur von Augustinermönchen mit päpstlicher Genehmigung gebacken und an Gläubige verschenkt werden durften. Auch Fieberbrote sollten noch heidnisches Brauchtum verdrängen; sie sollten gegen das Fieber besser helfen als die Trochiten. Sie ähnelten ihrem steinernen Vorbild, maßen ca. 2 cm im Durchmesser und waren auf der Oberseite mit einem vier- oder fünfzackigen Stern geschmückt. Heute noch erinnern Sonnenradornamente, z. B. auf altem Fachwerk, an Türen oder in Stein gehauen, selbst an Kirchenmauern, an die frühere Bedeutung der Trochiten.

Abb. 4.20. Muschelpflaster von einem Stbr. bei Schöningen. Ca. ¼ natürlicher Größe. Foto und Slg. O. Rummel.

Abb. 4.21. Pflasterzahn von *Placodus,* einer Echse des Muschelkalkmeeres. Diese Zähne waren vorzüglich geeignet zum Knacken von Schaltieren. Mittl. Trias; Schöningen/ Elm. Natürliche Größe. Foto und Slg. O. Rummel

Fossilien aus dem Ob. Muschelkalk (Auswahl)

Gastropoda
Omphaloptycha gregaria (SCHLOTHEIM), *O. rhenana* KOKEN, *Neritaria pulla* (GOLDFUSS), *N. sp., Loxonema sp., Worthenia sp.*

Scaphopoda
Entalis laevis (SCHLOTHEIM)

Bivalvia
Pleuronectites laevigatus (SCHLOTHEIM), *Chlamys albertii* (GOLDFUSS), *C. discites* (SCHLOTHEIM), *Plagiostoma* (syn. *Lima*) *striata* (SCHLOTHEIM), *Placunopsis ostracina* (SCHLOTHEIM) aufgewachsen, *Hoernesia socialis* (SCHLOTHEIM), *Gervilleia goldfussi* STROMBECK, *Trigonodus sandbergeri* ALBERTI, *Myophoriopsis gregaria* (MÜNSTER), *M. cf. plana, M. cf. nuculaeformis, Myophoria vulgaris* (SCHLOTHEIM), *M. incurvata* SEEBACH, *M. ovata* GOLDFUSS, *M. goldfussi* ALBERTI, *M. germanica, Lyriomyophoria elegans* (DUNKER), *Neoschizodus orbicularis* (BRONN), *Pleuromya musculoides* (SCHLOTHEIM), *Nuculana goldfussi* ALBERTI, *Palaeoneilo elliptica* (GOLDFUSS), *Astarte triasina* ROEMER, *Enantiostreon difforme* SCHLOTHEIM

Cephalopoda
Nautilus sp., Ceratites sp., Progonoceratites robustus (RIEDEL), *P. atavus* (PHILIPPI), *Germanonautilus bidorsatus* (SCHLOTHEIM), *Rhyncholithes hirundo* BLAINVILLE (Oberkiefer von *Germanonautilus bidorsatus*), *Conchorhynchus avirostris* (SCHLOTHEIM) (Unterkiefer von *G. bidorsatus*)

Brachiopoda
Coenothyris vulgaris (SCHLOTHEIM), *C. cycloides* (ZENKER), *Tetractinella trigonella* (SCHLOTHEIM), *Spiriferina fragilis* (SCHLOTHEIM), *Lingula tenuissima* BRONN

Crinoidea
Encrinus liliiformis SCHLOTHEIM, *Chelocrinus carnalli* (BEYRICH), *Ch. schlotheimi* (QUENSTEDT)

Stelleroidea
Aspidura scutellata BLUMENBACH, *A. loricata* (GOLDFUSS)

Echinoidea
Miocidaris sp.

Pisces
Hybodus, Acrodus, Birgeria, Gyrolepis, Ceratodus, Colobodus, Saurichthys

Reptilia
Placodus, Nothosaurus, Termatosaurus (Zähne,

Knochenreste, Wirbelkörper, Schuppen, Panzerplatten)

Ichnofossilien
Coprulus sp., Calciroda sp., Rhizocorallium commune SCHMID, Grabgänge, Koprolithen

Literatur

ABEL, O. (1939): Vorzeitliche Tierreste im Deutschen Mythus, Brauchtum und Volksglauben. G. Fischer, Jena

BEYRICH, E. (1857): Über die Crinoiden des Muschelkalks. Abh. Kgl. Akad. Wiss. Berlin, 1–49

BIESE, W. (1927): Über die Encriniten des unteren Muschelkalkes von Mitteldeutschland. Abh. Preuß. Geol. Landesanstalt N.F. 103, 1–119

CLAUS, H. (1955): Die Kopffüßer des Deutschen Muschelkalkes. Wittenberg (Die Neue Brehm-Bücherei 161)

GROETZNER, J. P. (1962): Stratigraphisch-fazielle Untersuchungen des Oberen Muschelkalks im südöstlichen Niedersachsen zwischen Weser und Oker. Diss. TH Braunschweig

GWINNER, M. P. (1968): Über Muschel/Terebratel-Riffe im Trochitenkalk (Oberer Muschelkalk, mo 1) nahe Schwäbisch Hall und Besigheim (Baden-Württemberg). N. Jb. Geol. Paläont. Monatsh., 338–344

HAGDORN, H. (1978): Muschel/Krinoiden-Bioherme im Oberen Muschelkalk (mo 1, Anis) von Crailsheim und Schwäbisch Hall (Südwestdeutschland). N. Jb. Geol. Paläont. Abh. 156, 31–86

– (1980): Chelocrinus schlotheimi (QUENSTEDT) aus dem Oberen Muschelkalk. Aufschluß 31, H. 10, 498–503

KLAGES, O. (1952): Erkerode, ein berühmter Fundort der Seelilie Encrinus liliiformis. Aufschluß 3, 167–170

KLEINSORGE, H. (1935): Paläogeographische Untersuchungen über den Oberen Muschelkalk in Nord- und Mitteldeutschland. Mitt. Geol. Staatsinst. Hamburg 15, 57–102

KOENEN, A. v. (1887): Beitrag zur Kenntnis der Crinoiden des Muschelkalks. Abh. Kgl. Ges. Wiss. Göttingen 34, 1–42

STROMBECK, A. v. (1856): Über Mißbildungen von Encrinus liliiformis LAM. Palaeontographica 5, 169–178

5 Der Keuper von Sottrum und Velpke

Geologie

Im Raum Braunschweig—Hannover ist die Grenze zwischen Muschelkalk und Keuper

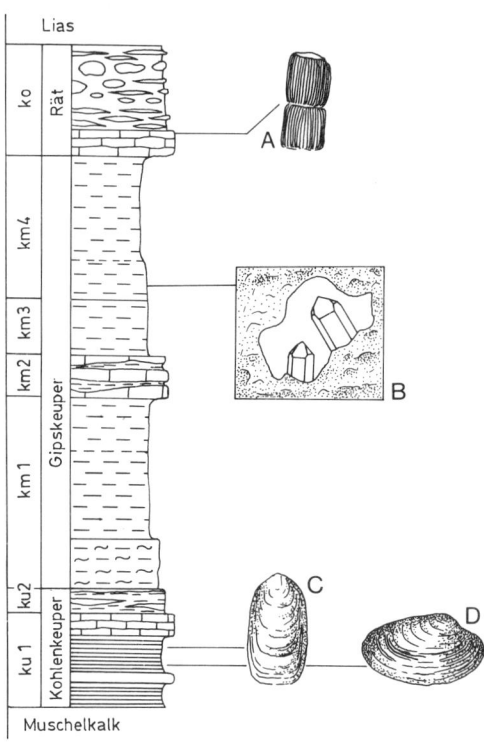

Abb. 5.6. Schematisches Keuperprofil Nordwestdeutschlands (ku = Unt. Keuper, km = Mittl. Keuper, ko = Ob. Keuper). A Pflanzenreste von *Equisetites*; B „Schaumburger Diamanten"; C *Lingula tenuissima*; D *Unionites cf. letticus*.

nicht klar zu erkennen, da in der Mischfauna der Grenzschichten typische Leitfossilien fehlen. Die Ablagerungen des Keuper werden vorwiegend durch Sandsteine und rot-, gelbund grüngefärbte Tonsteine und Mergel gebildet (schematisches Profil Abb. 5.6).

Unt. Keuper: Nach der Muschelkalk-Transgression verflachte das Meer. Flußdeltas mit gewaltigen Sandschüttungen schoben sich von den hohen Ufersäumen in das flache Becken. Wiederholt zog sich das Meer ganz zurück (Regression) und stieß dann wieder vor (Transgression). Deshalb finden wir eng miteinander verzahnte marine, brackische und festländische Bildungen vor. Dunkle Mergel wechseln mit Kalkbänken, pflanzenführenden Sandsteinen und geringmächtigen Kohleflözen und -schmitzen. Diese Kohleflöze gaben dem Unt. Keuper den Namen Lettenkohlenkeuper (Letten = bunter Ton).

Mittl. Keuper: Der Mittl. Keuper, auch Gipsoder Hauptkeuper genannt, besitzt die größten Mächtigkeiten von allen Keuperablagerungen. Er zeichnet sich durch lebhaft grün und rot gefärbte Tonsteine aus, feine Absatzprodukte, die in das Beckeninnere verfrachtet wurden. Sie enthalten Gips und vereinzelt Steinsalz. In Gipsresiduen, unlöslichen Rückständen chemischer Verwitterung, eingewanderte Minerallösungen führten lokal begrenzt zur Bildung von Sternquarzen und „Schaumburger Diamanten" (Abb. 5.5 T, 5.8). In den oberen Schichten herrschen wieder fluviatile, d. h. von Flüssen abgelagerte Sandsteine vor.

Ob. Keuper oder Rät: Das Keuperbecken wird erneut vom Meer überflutet. Faziell gesehen folgen auf die bunten Tonsteine des

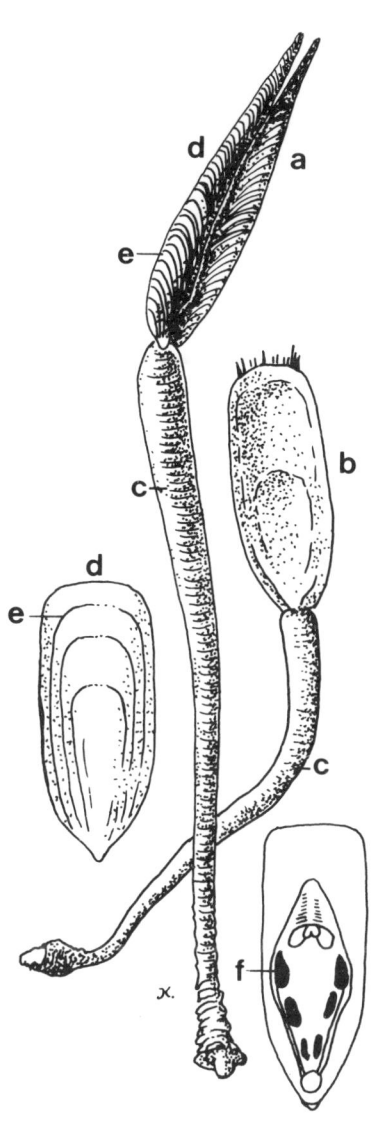

Abb. 5.7. Zur Morphologie der Brachiopodengattung *Lingula* BRUGUIERE 1792. *L. anatina* LAMARCK (a) und *L. unguis* (b) sind rezente Arten; c Stiel; d Schalen; e Wachstumslinien; f Muskeleindrücke.

Abb. 5.8. Im Steinmergelkeuper (km4) der Grafschaft Schaumburg kommen kleine Hohlräume vor (Gipsresiduen), in die kleine, glasklare Quarzkristalle hineinragen, die sog. „Schaumburger Diamanten". Die Kristallbildung erfolgte nach Entstehung der Hohlräume (vermutlich in der Kreidezeit) durch eingewanderte SiO_2-reiche Lösungen. In den Drusen sind nicht selten auch einzelstehende Rauchquarze, Doppelender und Zepterquarze enthalten, alle in schöner, gleichmäßiger Ausbildung. Höhe des Kristalls 6 mm; Rumbecker Berg bei Hessisch-Oldendorf (SE Rinteln).

Mittl. Keuper nun dunkle Tone und helle Sandsteine, die in den Lias überleiten.

In Niedersachsen ist der Keuper besonders zwischen Wiehengebirge und Teutoburger Wald sowie im Gebiet der Oberweser an der Oberfläche verbreitet. Das so umschriebene Gebiet entspricht in etwa der Grafschaft Schaumburg, am Übergang des Niedersächsischen Berglandes zur Norddeutschen Tiefebene. Im Süden der Grafschaft tauchen die Keuperschichten großräumig an der Erdoberfläche auf. Geringer aufgeschlossen ist der Keuper am oberen Leinetal und um Braunschweig; die wenigen kleinen Aufschlüsse sind sehr arm an Makrofossilien, teilweise sogar fossilleer. Ausnahmen sind Tongruben, wie die ehemalige Ziegelei Sottrum, und die Steinbrüche bei Velpke, die Sandsteine des Ob. Keuper liefer(te)n.

Tongrube Sottrum

Anfahrt: A 7 (Kassel−Hannover) an der Ausfahrt Derneburg (nahe Autobahndreieck Salzgitter) verlassen, über Grasdorf oder Bahnhof Derneburg und Holle bzw. über

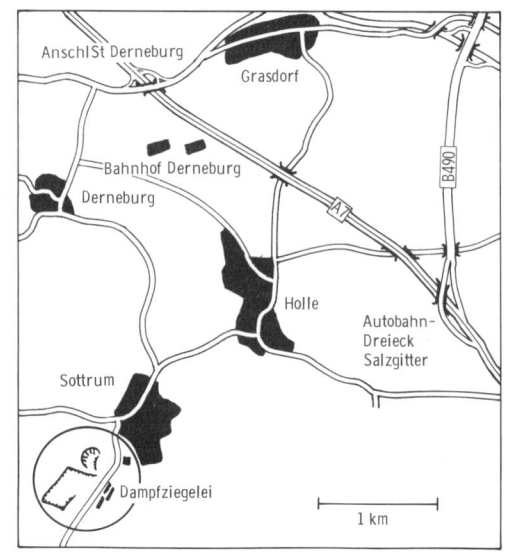

Abb. 5.9. Paläogeographie des Mittl. Keuper in Europa (nach BRINKMANN u. a.). 1 Festland; 2 Mittl. Keuper; 3 Keupersalze; 4 Geosynklinalmeer.

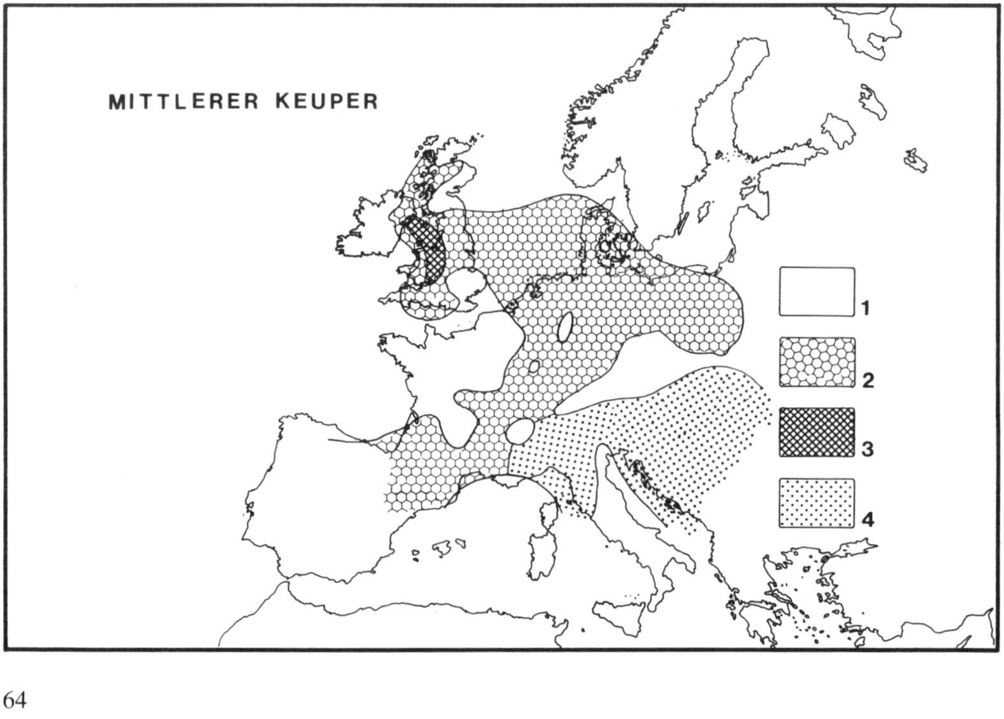

64

Verwendung des Abbauprodukts: Ton zur Ziegelherstellung	**Aufschluß-No.:** L 3926 (Nr. des Meßtischblattes)
	Aufschluß-Bezeichn.: ehem. Zgl. SOTTRUM
Gestein: bunte Keuper Tone, Tonsteine	
	Besitzer, Adresse:
Stratigraphische Einstufung bzw. Reichweite: ku , Unterer Keuper Lettenkohlenkeuper	
	Lagebeschreibung: Südlicher Ortsausgang Sottrum. Grube rechts der Straße nach Henneckenrode.
	No. Mbl.: L 3926 Bad Salzdetfurth **HW, RW:** nach UTM-REF NC 77806990
Zustand: Alte, abgesoffene Grube mit stark verwachsenen Hängen. Betrieb seit Jahren ein- gestellt.	**Letzte Begehung:** Exkursion 5. August 1978 Krüger/Schumacher Oktober 1981 Kolle/Espenhahn/Krüger
Mächtigkeit der aufgeschlossenen Schichten: noch ca. 8 m, rote und graue Tonlagen noch gut erkennbar	**Streichen / Fallen:**

Material: (Fossilien, Gesteinsproben etc. Fossillisten, Aufbewahrungsorte in Instituts- und Museumssammlungen):

Lingula tenuissima BRONN

Pflanzenhäcksel

Muscheln:

Der Lingula-Horizont befindet sich in einer dunkelgrauen
Tonschicht über der oberen roten Lage am SW-Grubenrand.
Lingula als dichtes Brachiopodenpflaster.

Literatur: (auch Feldbuchaufzeichnungen, Profile etc.):

Lingula tenuissima BRONN
KRÜGER: Fossilkartei Nr. 23. Mineralien-Magazin 8/79

Lageskizzen, Profile etc. hinter dieses Deckblatt heften!

Abb. 5.10. Daten-
blatt zur Fundstel-
lenbeschreibung.
Die Blätter werden
nach der Aufschluß-
begehung mit allen
wichtigen Daten ver-
sehen und gesam-
melt; Notizen, Lage-
und Profilskizzen
und Fossillisten wer-
den hinter das Da-
tenblatt geheftet.

Derneburg nach Sottrum. Hinter dem Ortsausgang in Richtung Henneckenrode stehen auf der linken Straßenseite die ehemaligen Ziegeleigebäude; die Tongrube liegt rechts der Straße. Das Fahrzeug kann auf dem Weg hinter der Grube abgestellt werden.

Der Abbau ist schon seit längerer Zeit eingestellt; die Grube ist teilweise abgesoffen, die Hänge sind mit Gras überwachsen. Doch in den oberen Bereichen können an den Böschungen noch Fossilien gefunden werden. Vor kurzem wurde in der Grube mit dem Bau eines Freizeitparks begonnen.

Trotz des starken Bewuchses sind die roten und grauen Tonlagen noch recht gut zu erkennen (Abb. 5.2 T). An Fossilien finden wir den schloßlosen (inartikulaten) Brachiopoden *Lingula tenuissima* BRONN (Abb. 5.7), Muscheln wie *Myophoria* und *Unionites cf. letticus* (syn. *Anoplophora lettica*; Abb. 5.1, 5.3 T), dazu weitere, nicht bestimmte Arten und unbestimmbaren Pflanzenhäcksel.

Der *Lingula*-Horizont zeigt sich als dunkle Tonlage über der obersten roten Schicht der südwestlichen Grubenwand. Die auch unter der Bezeichnung „Zungenmuscheln" bekannten Brachiopoden erreichen in Einzelexemplaren bis 1,8 cm Länge. In „Normalgröße" sind sie häufig und bilden vielfach „Brachiopodenpflaster". Man findet sie auch nicht selten fraktioniert als kleine „Brut" (um 5 mm, bis herab zu 0,5 mm).

Die Schalen von *Lingula* sind extrem dünn und blättern nach dem Trocknen ab. Deshalb ist es ratsam, sie bereits im Aufschluß, gleich nach der Bergung, mit einem Sprühlack zu fixieren. Dafür aber keinen Zaponlack verwenden! Zaponlack bildet einen unschönen, trüben Überzug, weil er Feuchtigkeit aufnimmt. Als Arbeitsgeräte und -materialien genügen Geologenhammer, Taschenmesser, Sprühlack und Verpackungsmaterial (Tüten, alte Zeitungen etc.). Die anstehenden Mergeltone werden mit dem Hammer gebrochen und an

Ort und Stelle mit dem Taschenmesser formatisiert. Muscheln liegen in Steinkernerhaltung vor, *Lingula* in dünner, phosphatischer Schalenerhaltung. Nach dem Fixieren der Schale das Antrocknen des Lackes abwarten; bruchsicher verpacken.

Abb. 5.11. Profil des Mittl. Rät (Ob. Keuper) im Stbr. Körner II von Velpke (nach ZEINO-MAHMALAT 1970).

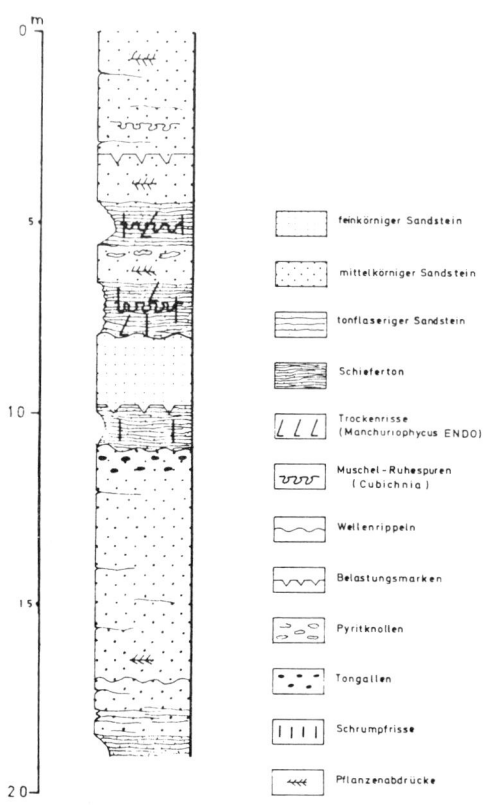

feinkörniger Sandstein

mittelkörniger Sandstein

tonflaseriger Sandstein

Schieferton

Trockenrisse (Manchuriophycus ENDO)

Muschel-Ruhespuren (Cubichnia)

Wellenrippeln

Belastungsmarken

Pyritknollen

Tongallen

Schrumpfrisse

Pflanzenabdrücke

Das Mittelrät von Velpke

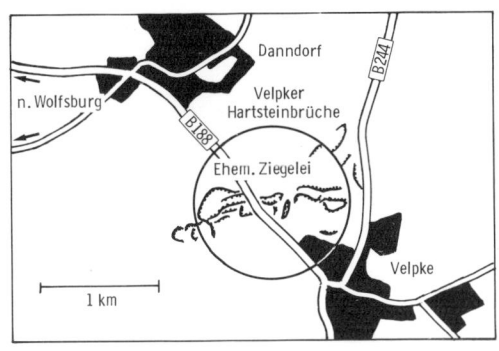

Velpke liegt ca. 10 km E Wolfsburg in der Nähe der Zonengrenze. Von den Steinbrüchen zwischen Velpke und Danndorf sind nur die Brüche Körner I und II bei Velpke noch in Betrieb. Sie erschließen die Schichten des Mittelrät in einer Mächtigkeit von ca. 60 m und bestehen aus zwei Sandsteinfolgen, getrennt durch eine sandige Schieferton-Lage. Auf den Schichtflächen der oberen Sandsteinfolge treten häufig inkohlte, durch Druck deformierte, unbestimmbare Pflanzenreste auf;

Profil des Stbr. Körner II bei Velpke.

Hangendes	
(1) 0 − 4,5 m:	Sandsteinplatten; 10−20 cm dicke grau-weiße, z. T. bräunliche Sandsteinplatten, stark zersetzt durch Bodenbildung.
(2) 4,5 − 5,5 m:	Schieferton, kohlehaltig, stark sandig, dunkelgrau-schwarz, oft mit eingeschalteten Sandsteinplatten (max. 5 cm dick).
(3) 5,5 − 6,5 m:	Sandstein, hellgrau-weiß.
(4) 6,5 − 7,05 m:	Die oberen 25 cm: Sandsteinplatten, bis 5 cm mächtig, hellgrau-weiß. Eingeschaltet dünne Lagen von dunkelgrau-schwarzem, z. T. kohligem, stark sandigem Schieferton. Die unteren 30 cm: gleicher Schieferton wie darüber, die Sandsteinplatten sind dünner und seltener
(5) 7,05 − 8,1 m:	Sandsteinplatten, grau, bis 15 cm dick, mit Einschaltungen von dünnen, dunkelgrau-schwarzen, kohligen Schiefertonlagen; Anzahl nach unten zunehmend. In den unteren 50 cm Abnahme der Anzahl der Schiefertonlagen. Sandsteinbänke werden nach unten 20 cm dick; getrennt durch dünne Tonlagen.
(6) 8,1 −10,0 m:	Sandstein, dickbankig, hellgrau-weiß, z. T. bräunlich.
(7) 10,0 −11,25 m:	Schieferton/Ton, sandig, kohlig, schwarz, mit vereinzelten Sandsteinplatten.
(8) 11,25 −18,8 m:	Sandstein, dickbankig, grau; an der Basis Toneinschaltungen.
(9) 18,8 −>19,3 m:	Tonstein, trocken, fest, sandig, hellgrau, mit vereinzelten Kohleresten und Manganknoten. In oberen 15 cm Zunahme der braunen Färbung durch Fe-haltige Verwitterungswässer.
Liegendes	

in der unteren Folge fehlen sie weitgehend. In dem Schieferton, der die Sandsteinfolgen trennt, sind Ruhespuren von Muscheln (Cubichnia) und Trockenrisse erhalten. Diese Lebensspuren befinden sich im von Ton unterlagerten Hangenden der Sandsteine. Der Sandstein, dessen Abbau in den letzten Jahren stark zurückgegangen ist, ist stark verfestigt und daher sehr witterungsbeständig. Er wird als Baumaterial verwendet, als Ausmauerung von Glasschmelzöfen und als Ausgangsstoff zur Herstellung von Flaschenglas.

Marken und Fossilien im Sandstein erlauben in Umrissen die paläogeographische Rekonstruktion des Ablagerungsraumes und der Ablagerungsbedingungen: Wellenrippeln bezeugen Fließwasserablagerungen, Oszillationsrippeln den Einfluß von Seegang in Strandnähe; Trockenrisse sprechen für zeitweise Austrocknung und Schrumpfung. Die Ruhespuren von Muscheln verraten seichtes Wasser; häufige Pflanzenreste deuten auf ein nahes Festland (vgl. ZEINO-MAHMALAT 1970).

Aus diesen Anzeichen darf man schließen, daß die Mittelrät-Schichten von Velpke von einem Fluß, der häufig die Richtung wechselte, im Flachwasser eines Deltas abgelagert wurden.

Weitere Aufschlüsse

Gipskeuper (km2) steht am Fuchsberg bei Samtleben an. Auf den Äckern dort findet man (zum Teil amethystfarbene) Sternquarze (Abb. 5.5 T). In der aufgelassenen Ziegeleitongrube Samtleben kommen Calcitdrusen in Gipsresiduen vor.

Bei Rottorf (siehe auch Kap. 7) tritt Gipskeuper (km4) mit grünen und roten Tonsteinen zutage. Die bunten Sedimente finden sich auch als aufgearbeitete, pleistozäne Gerölle in einer westlich gelegenen Sandkuhle. Mit kreuzgeschichteten Schmelzwassersanden und Brodelböden (unregelmäßigen Verfaltungen oberflächennaher Bodenschichten) bieten sie Profile, die sich nach der Lackfilmmethode ausgezeichnet geologisch dokumentieren lassen.

In der ehemaligen Tongrube Schöningen (km3/km4) sind ebenfalls Calcitdrusen in Gipsresiduen zu finden.

Ein natürlicher Geländeanschnitt des Rät befindet sich nördlich der Asse, am Wohlenberg, 1 km NW Mönchevahlberg. Hier stehen gelbbraune, feingebänderte verfestigte Sande an, mit kleinen perlschnurartigen Kohleschmitzen. Als Lackfilm zeigt die Bänderung „Landschaften", ähnlich dem Landschaftssandstein, wie er auf Börsen angeboten wird. Außer der Kohle finden sich keine fossilen Belege in den Sanden (Abb. 5.4 T).

Herstellung von Lackfilmen

Lackfilme oder Lackabzüge eignen sich zur geologischen und archäologischen Dokumentation. Der Ausschnitt der Grubenwand, der

Tafel 5
Abb. 3.1. Stbr. Hemkenrode, Aufschluß im Unt. Muschelkalk des westlichen Elm. Foto F. J. Krüger.
Abb. 3.2. Kontraktionsrisse (Schwundrisse) im „Blaukalk" des Stbr. Hemkenrode.
Abb. 3.3. Angeschliffenes Konglomerat mit teilweise gefärbten Stengel- und Scheibengeröllen in einer Schillage. Die Gerölle zeigen *Placunopsis*-Bewuchs und sind vielfach angebohrt. Hangend-Konglomerat (4a) der „Schaumkalk-Serie" (siehe Abb. 3.17).
Abb. 3.4. Brachiopoden *Coenothyris vulgaris* SCHLOTHEIM auf Stylolithen (siehe auch Abb. 3.13).

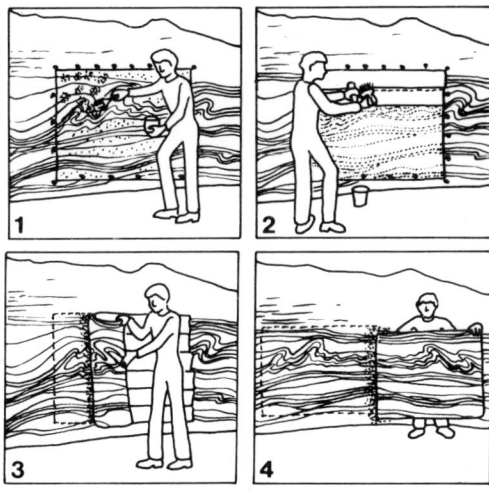

Abb. 5.12. Herstellung geologischer Lackabzüge (nach HÄHNEL 1975). Beschreibung siehe Text.

erhalten werden soll, wird mit einer Kelle auf ca. 80° abgeschrägt und geglättet. Die Größe des Films wird an den Ecken mit Nägeln markiert, um die ein Bindfaden gespannt wird, der den Film begrenzt und seine Stabilität erhöht. Auf die Fläche spritzt man verdünnten Lack, der anschließend (Vorsicht!) abgebrannt wird; dadurch wird die Profilfläche getrocknet und gefestigt. Anschließend wird unverdünnter Präparationslack mit einem Pinsel aufgetupft (Abb. 5.12/1); zur Verstärkung lackiert man Mullbinden kreuzweise ein (2). Nach gutem Durchtrocknen zieht man den Film vorsichtig ab (3/4) und rollt ihn zum Transport mit der Lackseite nach innen um eine Pappröhre. Später kann er dann auf eine Hartfaserplatte aufgezogen werden; zum Schluß konserviert man den Film mit verdünntem Lack, wodurch er griffest wird.

Literatur

BRONN, H. G. (1858): Beiträge zur triassischen Fauna und Flora der bituminösen Schiefer von Paibl. N. Jb. f. Min. etc.

SEILACHER, A. (1954): Studien zur Palichnologie. II. Die fossilen Ruhespuren (Cubichnia). N. Jb. Geol. Paläont. Abh. 98, 87–124

ZEINO-MAHMALAT, M.-H. (1970): Die Geologie der Mittelrät-Schichten von Velpke. Mitt. Geol. Inst. TU Hannover 9, 3–40

Tafel 6
Abb. 3.5. Gelbkalkplatte mit *Hoernesia socialis* SCHLOTHEIM und *Myophoria sp.* aus der „Schaumkalk-Serie".
Abb. 3.6. Schaumkalk mit Schrägschichtung (Werksteinbank im Stbr. Peters). Die Schichtung zeigt wechselnde Schüttungsrichtungen an. Sie ist durch die unterschiedliche Anwitterung der verschieden harten Kalke deutlich sichtbar.
Abb. 3.7. Verwitterte Grabplatte an der Kirche St. Martini (Baubeginn 1180) in Braunschweig: Muschelkalk mit deutlich erkennbarer Schrägschichtung.
Abb. 3.8. Das Baumaterial aus dem nahen Elm und seiner Umgebung spielte bei der Errichtung der frühen Sakralbauten Braunschweigs eine wesentliche Rolle. Am St. Blasius-Dom, einer romanischen Pfeilerbasilika (Baubeginn 1173), wurde der Kontrast zwischen dem rauhen, rötlichen Rogenstein und dem glatten, gelben Elmkalk zur architektonischen Gliederung genutzt.

Zur Lackfilmmethode
HÄHNEL, W. (1961): Die Lackfilmmethode zur Konservierung geologischer Objekte. Der Präparator 7, 243–264

VOIGT, E. (1933): Die Übertragung fossiler Wirbeltierleichen auf Zellulose-Film, eine neue Bergungsmethode für Wirbeltiere aus der Braunkohle. Paläont. Z. 15, 72–78

– (1936): Die Lackfilmmethode, ihre Bedeutung und Anwendung in der Palaeontologie, Sedimentpetrographie und Bodenkunde. Z. Dt. Geol. Ges. 88, 272–292

– (1949): Die Anwendung der Lackfilmmethode bei der Bergung geologischer und bodenkundlicher Profile. Mitt. Geol. Staatsinst. Hamburg 19, 111–129

6 Spurenfossilien und Posidonienschiefer

Die Ichnofauna von Mackendorf

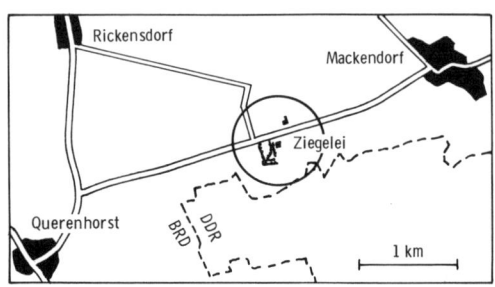

Der Lias im Vorharzbecken ist als sandige Küstenfazies im Gegensatz zur tonigen Trogfazies ausgebildet. Die sandige Folge mit tonigen Einschaltungen des Hettang wird von Rät-Sandsteinen unterlagert und nach oben von oolithischen Arietiten-Schichten *(Arietites bucklandi)* begrenzt. Im Braunschweiger Raum finden sich bei Mackendorf und Helmstedt Aufschlüsse des Hettang (Lias alpha) (Abb. 6.8). Sie sind wegen ihrer reichen Ichno- oder Spurenfauna für den Sammler interessant.

Anfahrt: Der Aufschluß Mackendorf liegt unmittelbar an der „innerdeutschen Grenze", 4 km SW des gleichnamigen Ortes. Von Helmstedt auf der B 244 (Richtung Wolfsburg) nach Querenhorst, dort rechts nach Mackendorf (von Wolfsburg sinngemäß). Un

mittelbar neben der Straße nach Mackendorf links die Betriebs- und Verwaltungsgebäude, wo der Sammler die Genehmigung zum Betreten der Grube einholt, die auf der anderen Straßenseite zu finden ist.

Abb. 6.7. Verteilung und Häufigkeit der Ichno- und Körperfossilien im Ob. Hettang von Mackendorf (nach WINCIERZ 1973).

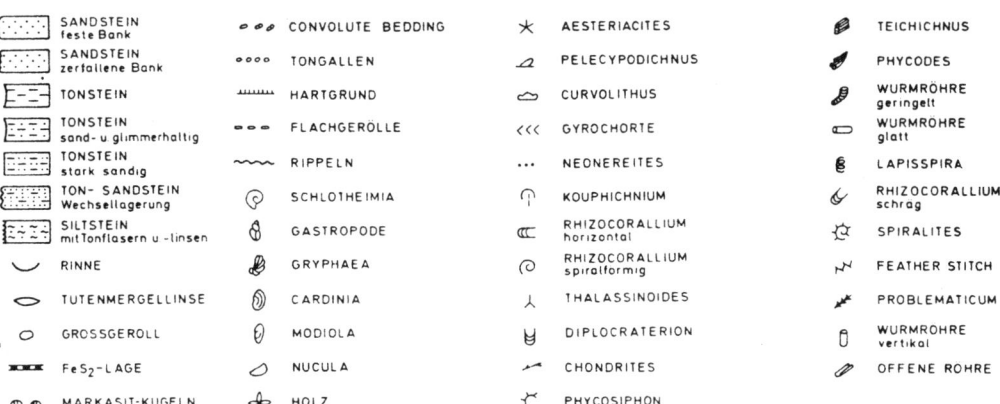

ICHNOFOSSILIEN

KÖRPERFOSSILIEN

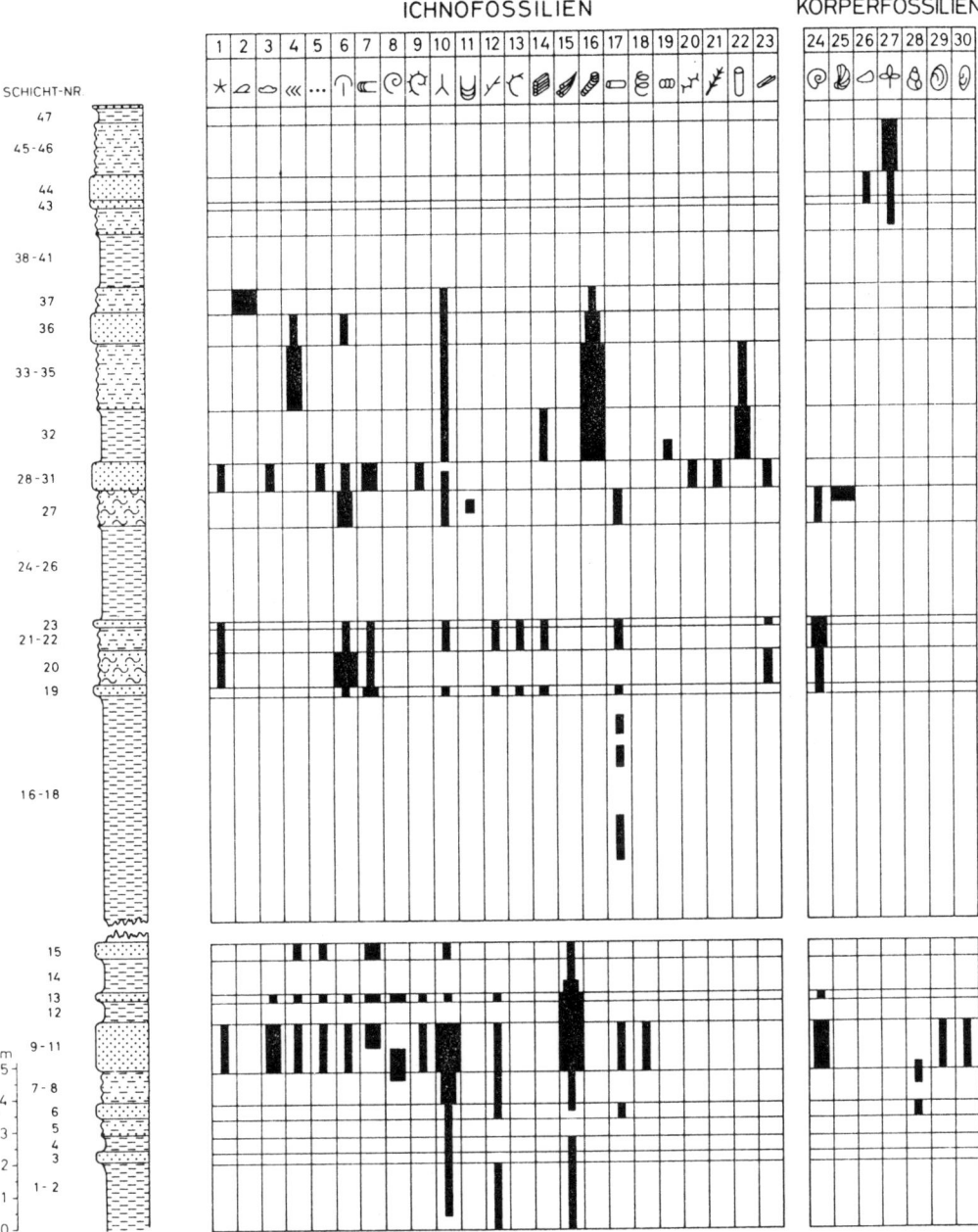

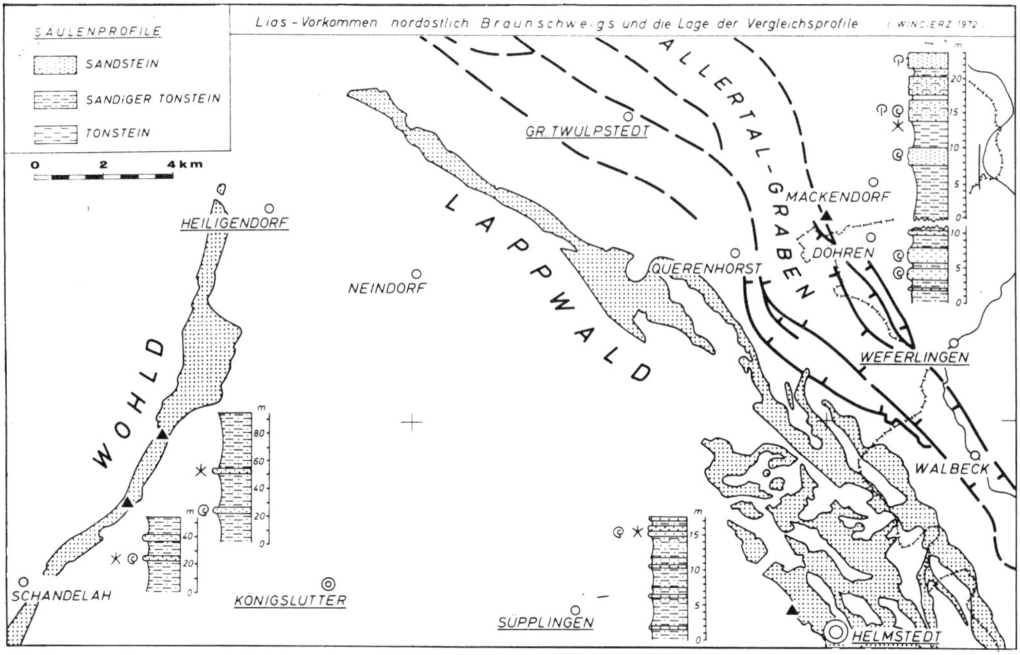

Lias - Vorkommen nordöstlich Braunschweigs und die Lage der Vergleichsprofile
SÄULENPROFILE
SANDSTEIN
SANDIGER TONSTEIN
TONSTEIN
0 2 4 km
ALLERTAL-GRABEN
LAPPWALD
WOHLD
GR. TWÜLPSTEDT
HEILIGENDORF
NEINDORF
MACKENDORF
DÖHREN
QUERENHORST
WEFERLINGEN
WALBECK
SCHANDELAH
KÖNIGSLUTTER
SÜPPLINGEN
HELMSTEDT

Abb. 6.8. Hettang-Vorkommen NE Braunschweig und die Lage der Vergleichsprofile (Wincierz 1973).

1
2
a b c d e f g

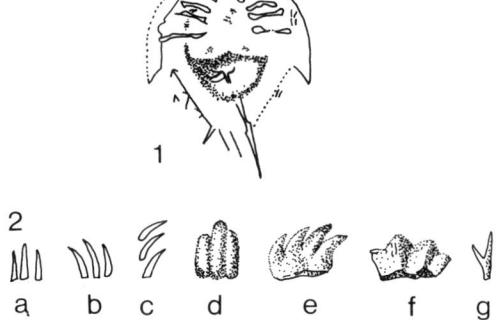

Abb. 6.9. 1 Symmetrisch ergänzter Abdruck von *Limulitella cf. bronni* (Hettang; Helmstedt) mit Spuren der Blattfußränder (nach Wincierz 1960). Ventralseite; Breite 3,8 cm. 2 verschiedene Limulus-Spuren aus dem Ob. Hettang von Mackendorf: a–c einzelne tiefe Kratzer von Pusherblättern auf der Schichtoberfläche; d–f drei- und viergliedrige Unterflächenspuren von Pushern; g Y-förmiges Trittsiegel eines Vorderbeines (nach Wincierz 1973).

Die Grube ist aufgelassen und in den tieferen Teilen abgesoffen. Die Spurenfossilien können aufgelesen oder durch Spalten der Gesteinslagen gewonnen werden. Da sie auf den Schichtflächen liegen oder diese durchstoßen, sind bis auf vorsichtiges Formatisieren der Handstücke keine weiteren Präparationsarbeiten erforderlich. Bei der Bestimmung der Ichnofauna helfen die Arbeiten von Häntzschel & Reineck (1968); Wincierz (1973) und Seilacher (1960) (evtl. per Fernleihe über öffentliche Bibliotheken zu beschaffen).

Stratigraphie und Paläogeographie

Die Schichten des Lias sind hier, am Ostrand des Allertal-Grabens (Abb. 6.8), kuppelförmig aufgewölbt. Die Störungen streichen parallel zur Grabenachse. Aufgeschlossen sind im Profil ca. 36 m der Schlotheimien-Schichten (*Schlotheimia complanata*) des Unt. Lias (Ob. Hettang). Die ältesten Schichten des Profils finden sich im nordöstlichen Grubenteil, die jüngeren streichen südwestlich aus. Die gelb- bis hellgrauen, fein- bis mittelkörnig ausgebildeten Sand- und Tonsteine verkittet ein kieseliges oder kalkiges Bindemittel. Als Liefergebiet der sandigen Schüttungen wird ein östlich gelegenes Festland angenommen. Nach sorgfältiger Aufnahme der Ichnofauna und des Sediments konnte WINCIERZ (1973) das Profil von Mackendorf in vier Tiefenbereiche gliedern. Er ordnet die Sand-Tonstein-Wechselfolge dem Litoral (Küstenfazies) und dem Sublitoral zu. Der häufige Sedimentwechsel könnte auf eine rasche Folge von Transgressionen und Regressionen zurückgeführt werden.

Ichnofauna

Fossile Lebensspuren, die von Organismen (Spurenerzeugern) in einem Substrat (Spurenträger) erzeugt wurden, heißen Spuren- oder Ichnofossilien. Ihnen stehen die Körperfossilien als Reste oder Abdrücke vorzeitlicher Tiere gegenüber. Die Ichnologie (Lehre von den fossilen Lebensspuren) hat in den letzten Jahren immer größere Bedeutung erlangt. Ihr fallen dort wichtige Aufgaben der Erkenntnisgewinnung zu, wo Spuren als einzige Zeugen vergangenen Lebens erhalten sind. Die in Mackendorf nachgewiesenen Ichnofossilien sind vorwiegend Freßbauten (Fodinichnia).

Ruhespuren (Cubichnia)

(1*) *Asteriatites lumbricalis* SCHLOTHEIM (früher *Asteriacites*) ist der wissenschaftliche Name für Ruhespuren des Schlangensternes *Palaeocoma escheri* (HEER), den MUNDLOS (1966) in Körpererhaltung aus dem Hettang von Helmstedt beschreiben konnte. Ihr Vorkommen ist in Mackendorf an drei Schichten von Sand- und Tonsteinen gebunden (Abb. 6.7). *Asteriatites* konnte auch in Schandelah (siehe unten Seite 78 ff.) in einer geringmächtigen Lage nachgewiesen werden (WINCIERZ 1973).

(2) *Pelecypodichnus amygdaloides* SEILACHER 1953 ist die mandelförmig-knollige Ruhespur einer Muschel auf der Unterseite der Sandsteinlage 37 (Abb. 6.7).

Kriechspuren (Repichnia)

(3) *Curvolithus* FRITSCH 1908, ein 13 mm breites, nach oben gewölbtes Band, vermutlich eine Gastropodenspur.

(4) *Gyrochorte comosa* HEER 1865, schmale, durch eine Längsfurche geteilte Zopfspur auf Schichtflächen (Abb. 6.1 T, 1) bildet zusammen mit *Curvolithus*, *Neonereites*, *Rhizocorallium* und *Thallassinoides* eine Spurengemeinschaft.

(5) *Neonereites uniserialis* SEILACHER 1960 kommt in den Sandsteinlagen an der Profilbasis von Mackendorf selten vor, sehr häufig dagegen in Helmstedt.

(6) *Kouphichnium* NOPCSA 1923 (Limulus-Fährten), häufig stark in der Ausbildung variierende Spuren von *Limulus* (Pfeilschwanzkrebs) (Abb. 6.2 T, 6.9): drei- oder vierfurchige, tiefe Kratzer bis 3 cm Länge; kleine, dreieckige Eindrücke (Trittsiegel); Spuren der Vorderbeine, deren Scheren sich schlossen oder öffneten, erhalten als Y-förmige Eindrücke. Größe der Trittsiegel (18–20 mm) und Schrittlänge (ca. 12,5 cm) deuten auf ausgewachsene Limuliden. Die Spuren finden sich im Grenzbereich Ton-Sandschicht.

Freßbauten (Fodinichnia)

(8) *Rhizocorallium jenense* ZENKER 1836, Abdrücke auf den Schichtoberseiten der Sandsteinbänke,

---

*Die Nummern verweisen auf die Piktogramme in der Kopfleiste von Abb. 6.7.

hauptsächlich horizontal angelegt, selten spiralig. Im Kontaktbereich zwischen Ton- und Sandstein sind ganze Kolonien von *Rhizocorallium*-Bauten zu finden. Der Erzeuger ist ein sedimentfressendes Rhizocorallium-Tier. Häufig auch im Unt. Muschelkalk des Elm (siehe Kap. 3).

(9) *Spiralites dentatus* WINCIERZ 1973, Freßbauten mit eckigen „Zähnen" an der Außenseite der spiraligen, schraubenförmigen Röhre; eine neu beschriebene Art aus Mackendorf.

(10) *Thalassinoides* EHRENBERG 1944, Y-förmige Wülste auf den Unterseiten der Sandsteinbänke. Daß es die thalassinoiden Krebse vom Jungpaläozän bis heute gibt, schließen wir indirekt aus ihren Grabspuren und Wohnbauten im Sediment. Der Panzer der Tiere war schwach; nur das erste Scherenpaar war stärker verkalkt und damit erhaltungsfähig. Deshalb sind neben Grab- und Wohnbauten Scheren die häufigsten fossilen Funde (FÖRSTER 1973). Rezente Arten bewohnen das Litoral. Nach ihrer (endobiontischen) Lebensweise werden sie auch Maulwurfskrebse genannt.

(11) *Diplocraterion sp.* TORELL, U-förmige Spreitenbauten. Die Gattung konnte strandnahe Bereiche dicht besiedeln.

(12) *Chondrites* STERNBERG 1833, in den spurenreichen Schichten zahlreich und mit *Thalassinoides, Spiralites* u. a. Freßbauten und Wurmröhren vergesellschaftet.

(13) *Phycosiphon incertum* FISCHER-OOSTER 1858, als Freßbauten gedeutete, geweihartig vergabelte Spuren mit kolbenförmigen Abzweigungen.

(14) *Teichichnus* SEILACHER 1955 und (15) *Phycodes* R. RICHTER 1850, vertikale, mauerartige Freßbauten.

(16) Wurmröhren mit Querringelung; in bestimmten Schichten in Massen (Besiedelungsdichte ca. 300/m^2) vorkommend.

(17, 22, 23) Verschiedene Wurmröhren, vertikal, glatt oder offen.

(18) ? *Lapisspira bispiralis* LANGE 1932, Lebensspuren unsicherer Zuordnung.

(20) „Feather stitch trail" (WILSON 1948), Zick-Zack-Spur aus einer dünnen Röhre (1 mm ∅) bestehend, ca. 20 cm lang.

Körperfossilien

Körperfossilien sind selten, gemessen an den zahlreich vorhandenen Ichnofossilien. Die Leitammoniten *Schlotheimia angulata* LAMARCK und *Schlotheimia stenorhyncha* (24) werden in den Sandsteinbänken und Rinnenfüllungen gefunden. Selten finden sich Steinkerne von *Cardinia* (29) und *Gryphaea* (25). Einzelfunde sind *Modiola* (30), *Lima* und *Nucula* (26). Weiterhin sind anzutreffen Reste der Gastropoden *Tornatella fragilis* und *Turritella sp.* (28); *Pentacrinus,* der Wirbel eines Krokodiliers und Pflanzenreste (27) sowie Holzstückchen (Kohle) sind eingeschwemmt worden.

Sedimentgefüge und Marken

Sedimentstrukturen entstehen während der Ablagerung des Sediments und diagenetisch. Neben den Oberflächenmarken wie z. B. Rippeln, Rillen oder Schleifmarken sind im Sedimentgefüge linsenartige Strukturen wie Ballen oder Kissen, Wulstbänke und elliptische Marken enthalten. Im Sediment lebende Tiere (Endobenthonten) produzierten Hartsubstratspuren. Schrägschichtungen, die Schüttungsrichtungen angeben, fehlen. Der graue Tonstein führt auffällig Glimmer, besonders an den Schichtflächen.

Abb. 6.10. Insektenfauna aus dem Ob. Lias (Toarc) von Schandelah. Von oben nach unten: *Fulporidium sp.,* ein Pflanzensauger der Ordnung Homoptera LEACH 1815, 7,7 × 3,2 mm; Mecoptera PACKARD 1886, 12,2 mm lang; *Elcana sp.,* Vorderflügel, Ordnung der Orthoptera LATREILLE 1793 (Heuschrecken und Grillen), 9 × 2,3 mm.

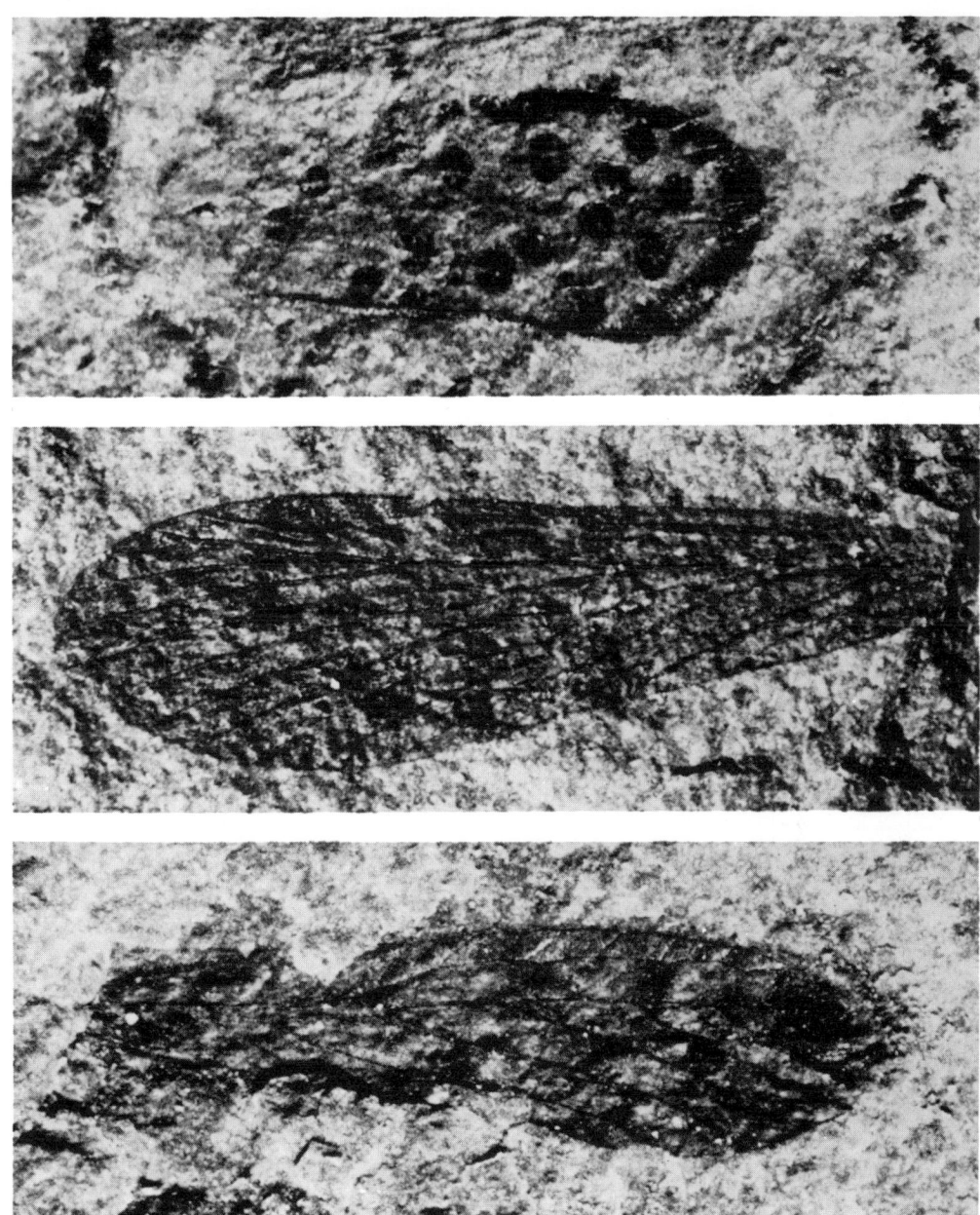

Der Posidonienschiefer von Schandelah

Eine ganze Reihe von Gesteinen wurde nach einem Fossil benannt, wie z. B. der Posidonienschiefer nach der Leitmuschel *Posidonia bronni* VOLTZ. Der Posidonienschiefer heißt weiterhin so, obwohl der Gattungsname revidiert werden mußte zu *Steinmannia bronni* (VOLTZ). Die alte Bezeichnung wird also beibehalten, um Verwirrung zu vermeiden.

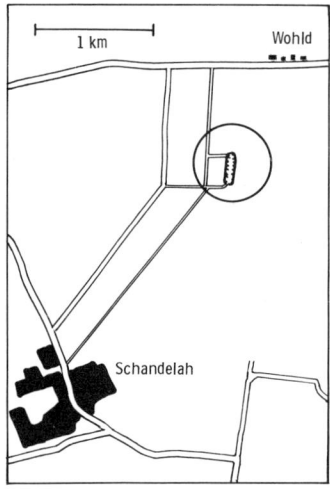

Anfahrt und Aufschluß: Die aufgelassene Wohld-Grube bei Schandelah (ca. 10 km E Braunschweig) ist zum größten Teil verfüllt. Von einem Baumkranz umgeben, liegt sie ca. 1 km S der Siedlung Wohld und ca. 2 km NE Schandelah in einem weiten Weidegelände. Die Fundmöglichkeiten sind eingeschränkt, da das Gelände teilweise umzäunt wurde. Sollten jedoch die Pläne zur industriellen Ausbeutung der Ölschiefervorkommen verwirklicht werden, dann ist wieder mit reichen Funden zu rechnen, wie in den letzten Jahren

etwa beim Bau des Zubringers für die A 39 und in anderen temporären Aufschlüssen im Raum Wolfsburg (ROLKE 1979).

Paläontologie und Paläogeographie

Zur Zeit des Lias, im Unt. Toarc, erstreckte sich in Norddeutschland ein Meer über ganz Niedersachsen bis nach Schleswig-Holstein; es war der Ablagerungsraum für den Posidonienschiefer. Sein hoher Gehalt an organischen Verbindungen und Pyrit lassen auf ein sauerstoffarmes, schwefelwasserstoffreiches Milieu schließen. Auch andere Anzeichen sprechen dafür, daß sich dieses Gestein aus einem Faulschlamm bildete. Die Verhältnisse dürften ähnlich gewesen sein wie heute im Schwarzen Meer.

Der Ölschiefer liegt in einer Mulde mit einer maximalen Teufe von ca. 150 m und tritt nur an den Rändern zutage. Im Gebiet E Braunschweig erstreckt sich das Hauptlager zwischen Schandelah und Flechtorf, ein kleineres Nebenlager befindet sich bei Hondelage und Wendhausen. Die Schiefer enthalten bis zu 15 % organische Substanzen. Beim Aufschlagen des Gesteins riecht es stark nach dem Bitumen, der sogar entflammbar ist. In dieser Fazies wurden früher bedeutende Fossilfunde gemacht, vergleichbar denen aus Holzmaden in Württemberg. So finden sich hier auch Ammoniten (*Harpoceras, Hildoceras, Phylloceras, Pseudolioceras* und *Dactylioceras*), Krebse, Fische (*Tetragonolepis semicinctus, Leptolepis coryphaenoides, Dapediscus* u.v.a.), Ichthyosaurier und *Steneosaurus* (WINCIERZ 1967), ausgestellt im Paläontologischen Institut der TU Braunschweig und im Naturhistorischen Museum. Die kleine Leitmuschel „*Posidonia*" bedeckt in Massen ganze Schichtflächen. Häufig in allen Lagen ist *Inoceramus dubius* SOWERBY (Abb. 6.13).

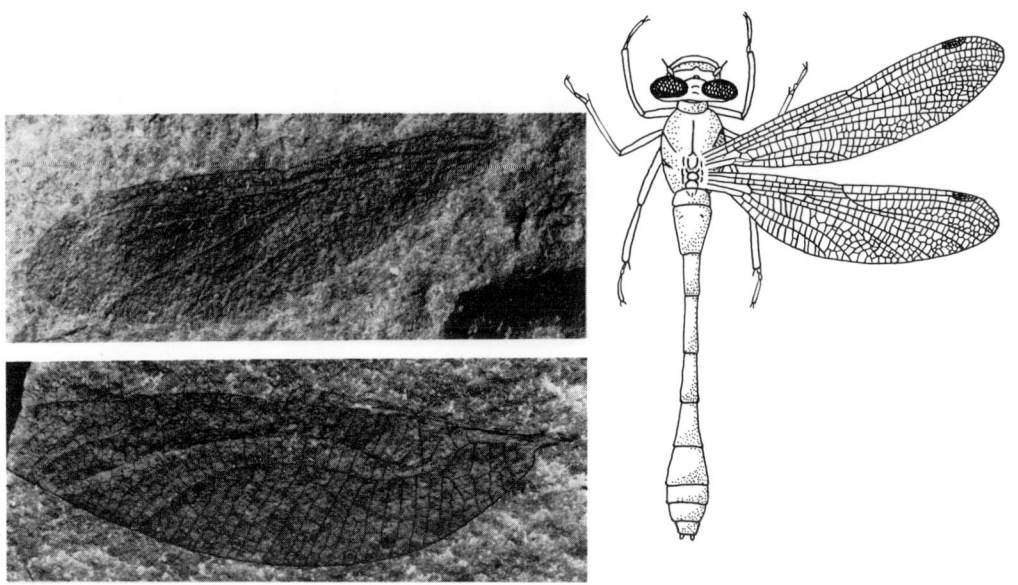

Abb. 6.11. Fossile Libellenflügel aus dem Toarc von Schandelah im Vergleich mit einer rezenten Libelle. Oben: Vorderflügel von *Heterophlebia proxima* BODE (Ordnung Odonata, Libellen), 26,3 × 7,8 mm. Unten: *Heterophlebia proxima* BODE, Hinterflügel; 20,3 × 6,7 mm. Rechts: *Epiophlebia superstes* SELYS ist eine rezente Libelle der im Mesozoikum artenreich entwickelten Unterordnung Anisozygoptera, die mit den heute lebenden Großlibellen wichtige Merkmale gemein hat.

Abb. 6.12. Kleine Insekten der Ordnung Diptera LINNE 1758 (zu ihnen gehören Fliegen und Mücken) mit saugenden Mundgliedmaßen und gut entwickelten Facettenaugen, die auch fossil gut erhalten sind. Aus dem Toarc von Schandelah; Flügelspannweite 13,3 mm, Körperlänge 3,8 mm.

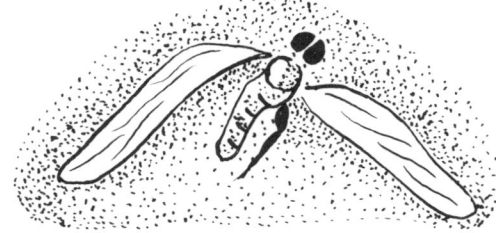

Liasinsekten

Den Ölschiefern sind Tonsteingeoden und kalkige Bänke eingelagert, die neben Fischresten die Muschel *Inoceramus dubius,* viel kleine „Cephalopodenbrut" und Insektenreste enthalten. Die Braunschweiger Insektenfauna ist seit langem bekannt und von BODE (1953) wissenschaftlich bearbeitet worden. Neue Funde von *Locustopsis* (Orthopteroida, Caelifera) werden von ZESSIN in einer Revision der mesozoischen Familie Locustopsidae bearbeitet (ZESSIN 1983a, b). Insektenfunde aus dem Lias epsilon von Wolfsburg sind von KIERST & WIESNER (1974) gemeldet worden. Sie erwähnen Toneisensteingeoden aus dem Posidonienschiefer, die massenhaft pyritisierte Mollusken führen; dazwischen fanden sich Diptera (Nematocera) und ein 4,6 mm großer Käfer mit Flügeldecken, der zu Gallerucinae gestellt werden könnte.

Abb. 6.13. *Inoceramus dubius* SOWERBY in plastischer Körpererhaltung mit Schalenresten aus einer Tonstein-Geode. In den Ölschiefern (Posidonienschiefer) sind die Inoceramen-Schalen als flaches Periostracum (Oberschicht der Schale) erhalten.

Grundwasserspiegel absinkt und damit die Riddagshausener Teiche, ein wichtiges Naherholungs- und Naturschutzgebiet (Europa-Reservat für Wasservögel), austrocknen. Es ist ein ungleicher Streit, denn als Gegenargumente werden Energiebedarf und Arbeitsplatzsicherung ins Feld geführt.

Bereits in den Jahren 1917−1921 wurde in Schandelah von den Rütgers-Werken der Schiefer zur Imprägnieröl-Gewinnung abgebaut. Von 1943−1945 arbeiteten im Grubengelände bis zu 400 KZ-Häftlinge.

Das sehr fein im Gestein verteilte Öl ist technisch nur durch teure Schwelprozesse zu gewinnen. Da es beträchtliche Mengen an Schwefelverbindungen enthält, müssen neue Technologien entwickelt werden; in einer „Pilotanlage" bei Hondelage sollen neue Verfahren zur Entschwefelung erprobt werden.

Abbau kontra Umweltschutz

„Die späte Karriere der kleinen Posidonia: BKB [Braunschweigische Kohlenbergwerke] will den Ölschiefer-Schatz heben", ist nur eine Schlagzeile in dem Streit zwischen handfesten wirtschaftlichen Interessen und den Anstrengungen zur Erhaltung einer gesunden Umwelt.

Die in Hauptlager und Nebenlager durch Bohrungen ermittelten Mächtigkeiten lassen eine Schätzung der Gesamtmenge des Ölschiefers auf 2 Mrd. t zu, aus denen in komplizierten und nicht billigen Verfahren ca. 100 Mio. t Schieferöl gewonnen werden könnten – etwa der Jahresbedarf der Bundesrepublik. Der Abbau ist in Form eines wandernden Tagebaues geplant, mit den Phasen Abräumung, Gewinnung, Verkippung und Rekultivierung. Große Ortschaften wie Flechtorf müßten „abgeräumt" werden. Die Braunschweiger „Bürgerinitiative Ölschiefer" befürchtet, daß der

Weitere Vorkommen

Ähnliche Sedimentationsverhältnisse wie in Mackendorf finden wir in der Tongrube der Zgl. Lehrmann am NW-Stadtrand von Helmstedt. Stratigraphisch sind die aufgeschlossenen Schichten in den Bereich Unterhettang (Zone des *Psiloceras planorbis*) bis Oberhet-

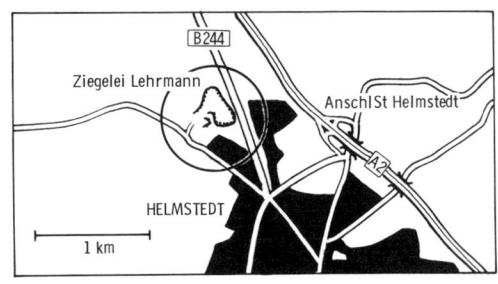

80

tang einzuordnen. Auch hier ein reiches Vorkommen von Sedimentmarken in küstennahen Ablagerungen; als Besonderheiten kommen „Sandsteinkugeln" (umgelagerte Konkretionen) und eine reiche Ichnofauna mit den bekannten Schlangenstern-Ruhespuren *Asteriatites lumbricalis* SCHLOTHEIM (MUNDLOS 1966) hinzu. Ferner sind zu nennen: Salzgitter-Bad mit Lias epsilon bis zeta in der alten „Finkenkuhle"; Hahndorf (N Goslar) mit Lias delta bis zeta; Dörnten (N Goslar) mit Lias epsilon bis zeta; Posidonienschiefer von Heinde bei Hildesheim; Posidonienschiefer und Lias von Wolfsburg.

Literatur

BODE, A. (1905): Orthoptera und Neuroptera aus dem Oberen Lias von Braunschweig. Jb. Kgl. Preuß. Geol. Landesanstalt 25, 218−245

− (1953): Die Insektenfauna des ostniedersächsischen Oberen Lias. Palaeontographica 103, Abt. A, 1−375

FÖRSTER, R. (1973): Die Krebse und ihre Bauten aus dem Santon der Gehrdener Berge. Ber. Naturhist. Ges. 117, 149−162

GRÖTZNER, J.-P. (1968): Bau und Genese von „Sandsteinkugeln" aus dem Lias alpha von Helmstedt. Ber. Naturhist. Ges. Beih. 5, 219−234

HÄNTZSCHEL, W., REINECK, H.-E. (1968): Fazies-Untersuchungen im Hettangium von Helmstedt (Niedersachsen). Mitt. Geol. Staatsinst. Hamburg 37, 5−39

KIERST, J., WIESNER, J. (1974): Insektenfund aus dem Lias epsilon bei Wolfsburg. Aufschluß 25, H. 11, 592

MALZ, H. (1964): Kouphichnium walchi, die Geschichte einer Fährte und ihres Tieres. Natur und Museum 94 (3), 81−97

MUNDLOS, R. (1966): Ruhespuren von Schlangensternen und ihre mutmaßlichen Erzeuger im Lias α von Emmerstedt. Aufschluß 17, H. 10, 257−263

ROLKE, H. (1979): Wolfsburgs Erdgeschichte unter besonderer Berücksichtigung des Jura. Eigenverlag, Wolfsburg

SEILACHER, A. (1960): Lebensspuren als Leitfossilien. Geol. Rdsch. 49, 41−50

WINCIERZ, J. (1960): Ein neuer Limulide aus dem Lias. Paläont. Z. 34, 3/4, 207−220

− (1967): Ein Steneosaurus-Fund aus dem nordwestdeutschen Oberen Lias. Paläont. Z. 1/2, 60−72

− (1973): Küstensedimente und Ichnofauna aus dem oberen Hettangium von Mackendorf (Niedersachsen). N. Jb. Geol. Paläont. Abh. 144, 1, 104−141

WUNNENBERG, C. (1950): Zur Ausbildung des Posidonienschiefers in der Umgebung Braunschweigs mit besonderer Berücksichtigung der Fossilisation. N. Jb. Geol. Paläont. Monatsh., 146−182

ZESSIN, W. (1983 a): Revision der mesozoischen Familie Locustopsidae unter Berücksichtigung neuer Funde (Orthopteroida, Caelifera). Dt. Entomolog. Z. N. F. 30, H. 1−3 (im Druck)

− (1983 b): Locustopsis kruegeri n. sp. aus dem Oberen Lias von Schandelah bei Braunschweig, BRD. Z. geol. Wiss. 11 (im Druck)

7 Eisenerzgrube Rottorf am Klei

Im Großraum Braunschweig gibt es kaum einen anderen altbekannten Aufschluß, der so „frei" zugänglich ist wie der aufgelassene Tagebau der ehemaligen Erzgrube Ernst-August. Im Sommer macht er den Eindruck eines Naherholungsgebietes, doch Fossiliensammler kommen noch immer auf ihre Kosten in diesem einzigartigen Aufschluß einer marin-sedimentären Eisenerz-Lagerstätte des Lias gamma in Niedersachsen (Abb. 7.1 T).

Anfahrt: Die Erzgrube liegt ca. 7 km NW Helmstedt. Von Wolfsburg auf der B 244 nach Querenhorst, dort rechts nach Rottorf; oder von Helmstedt über die B 244 nach Mariental, dort links ab nach W; nach ca. 1 km beim Bahnübergang rechts auf die Straße über den Kleiberg nach Rottorf. Am östlichen Ortsrand nach N abbiegen; nach ca. 400 m erreicht man den Aufschluß. Das Fahrzeug kann in dem mit Buschwerk bestandenen ehemaligen Grubengelände abgestellt werden.

Aufschluß: In der Grube ist der Lias gamma (Unt. Pliensbach oder Carix) in sonst selten anzutreffender Vollständigkeit erschlossen. Eine Profilaufnahme erfolgte erst 1957, nach Stillegung des Betriebes, durch SCHUMANN (Abb. 7.3); die umfassendste Beschreibung der Fossilien gibt WOLLEMANN (1892).

Abb. 7.2. Geologische Übersichtskarte des „Rottorfer Liasgrabens" mit den aufgeschlossenen *jamesoni*-Schichten (nach MESTWERDT 1914).

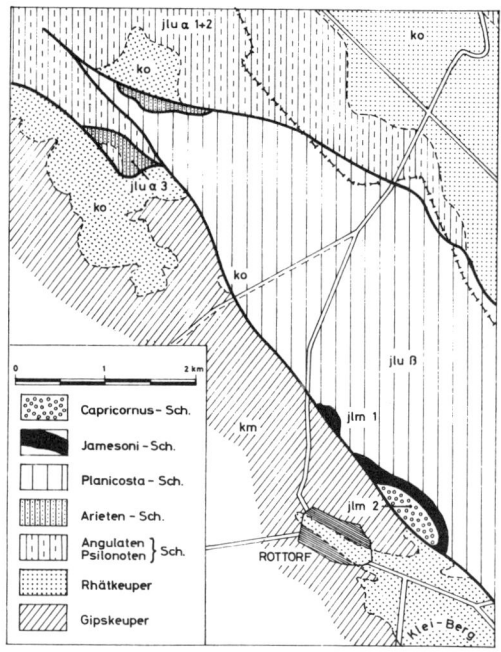

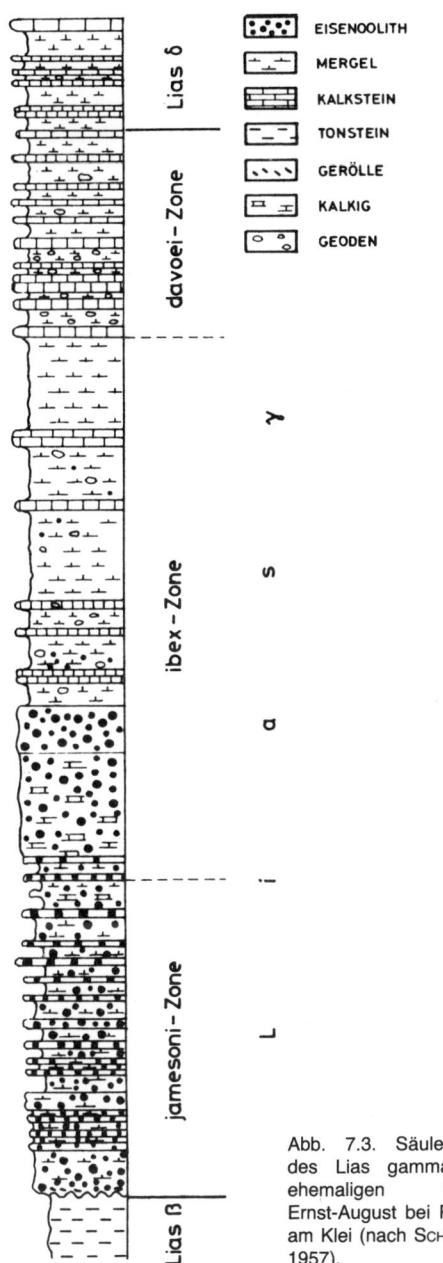

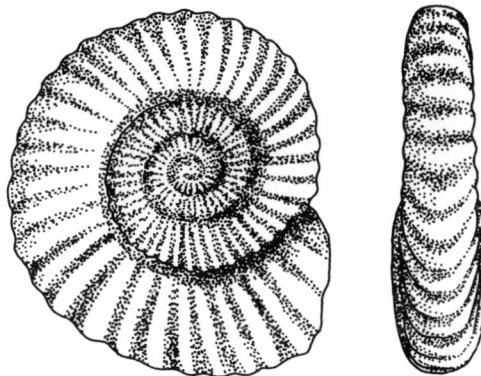

Abb. 7.4. Zonenfossil der *jamesoni*-Zone ist der Ammonit *Uptonia jamesoni* (SOWERBY). Seine Merkmale sind dichte, leicht nach vorn geneigte Rippen, die auf der Externseite spitz aufeinandertreffen. Ein Kiel ist nicht vorhanden. Ca. 4 cm Durchmesser.

Fazies und Fossilien

In den tieferliegenden Bereichen der Grube steht oolithischer Toneisenstein an. Erkennbar an seiner dunkel rotbraunen Farbe, ist er besonders gut im Anschnitt an der Böschung nördlich des Teiches zu sehen. Hier sowie um den ganzen Teich und an den stellenweise bereits verwachsenen Hängen dahinter bestehen gute Fundmöglichkeiten für Fossilien. Aus dem recht harten Gestein lassen sich Ammoniten, Belemniten, Brachiopoden und Muscheln bergen, die einer sorgfältigen Präparation bedürfen. Da das Gestein fossilreich ist, können noch immer gute Funde gemacht werden, so kürzlich der Krebs *Palaeastacus cf. falsani* (DUMORTIER) in Körpererhaltung.

Die oberen Schichten des Lias gamma werden von grauen Tonmergeln gebildet, die in den östlichen Hängen der Grube anstehen. Hier können besonders die schönen sternförmigen

Abb. 7.3. Säulenprofil des Lias gamma der ehemaligen Grube Ernst-August bei Rottorf am Klei (nach SCHUMANN 1957).

Abb. 7.5. *Tragophylloceras ibex* (QUENSTEDT), Leitfossil der *ibex*-Zone im Lias gamma. Dieser bei den Sammlern sehr beliebte Ammonit besitzt auf der Flanke leicht geschwungene, flache Rippen. Die Externseite ist mit knotigen Rippen skulpturiert.

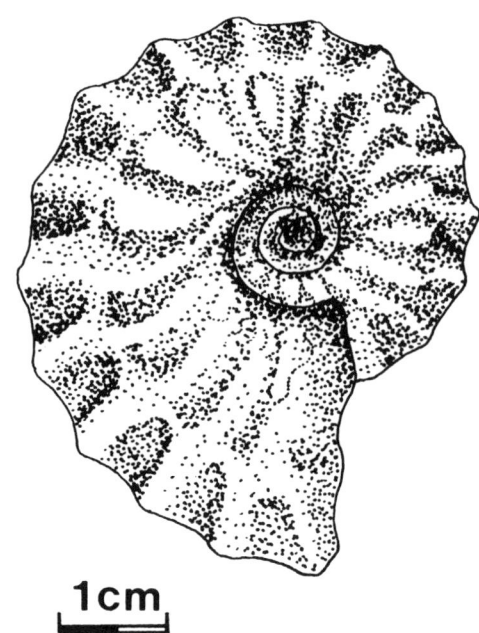

Seelilien-Stielglieder von *Isocrinus basaltiformis* (früher *Pentacrinus basaltiformis* MILLER) und *Seirocrinus subangularis* (MILLER) einzeln oder als Stielfragmente aufgesammelt werden (Abb. 7.10). Nicht selten sind auch die – allerdings häufig zerbrochenen – Rostren der Belemniten *Passaloteuthis paxillosus* LAMARCK, *Nannobelus acutus* (MILLER) und *Hastites clavatus* (STAHL) (Abb. 7.9), und ebenso Muscheln sowie Brachiopoden. Da sie in Schalenerhaltung vorliegen, ist die Präparation unproblematisch.

Bei regnerischem Wetter ist es nicht ratsam, die durchnäßten Mergelhänge zu betreten. Man vermeide, die Böschungen zu zerstören oder durch nicht wieder zugeworfene Schürfe Fallgruben für Spaziergänger zu schaffen.

1cm

Fossilien der *jamesoni*-Subzone (Unt. Pliensbach) von Rottorf

Gastropoda
Trochus amor ORBIGNY, *Lewisiella conica* ORBIGNY, *Teinostoma macrostoma* STOLLEY, *Pleurotomaria expansa* SOWERBY, *P. anglica* SOWERBY, *P. solarium* KOCH, *P. multicincta* SCHÜBLER

Bivalvia
Arcomya elongata ROEMER, *Chlamys textorius* SCHLOTHEIM*, *Ch. priscus* (SCHLOTHEIM)*, *Cypricardia cucullata* GOLDFUSS, *Gryphaea cymbium* LAMARCK*, *Inoceramus ventricosus* SOWERBY, *Modiola scalprum* SOWERBY, *Ostrea semiplicata* MÜNSTER, *O. fragilissima* WOLLEMANN, *Oxytoma inaequivalvis* SOWERBY*, *Pecten subulatus* MÜNSTER, *P. lunaris* ROEMER, *Pleuromya ovata* ROEMER, *Plicatula spinosa* SOWERBY, *Pholadomya ambigua* SOWERBY, *P. decorata* ZIETEN, *P. obliquata* PHILLIPS, *Pseudolimea acuticosta* (GOLDFUSS)*, *Lima pectinoides* SOWERBY, *L. succincta* SCHLOTHEIM, *L. gigantea* SOWERBY, *Unicardium janthe* ORBIGNY, *Pinna folium*

Nautiloidea
Nautilus intermedius SOWERBY

Ammonoidea
Aegoceras nodogigas QUENSTEDT, *A. heberti* OPPEL, *A. grumbrechti* SCHLOENBACH, *A. interstriatum*, *A. hybridum* ORBIGNY, *Coeloceras pettos* QUENSTEDT*, *Eoderoceras armatum* SOWBERBY*, *Oxynoticeras oppeli* SCHLOENBACH, *Polymorphus caprarius* QUENSTEDT*, *Platypleuroceras brevispina* (SOWERBY)*, *Tragophylloceras loscombi* (SOWERBY)*, *Uptonia jamesoni* (SOWERBY)*

---

* Beide Fossillisten enthalten noch die alten Fossilbezeichnungen nach WOLLEMANN. Die mit einem Stern versehenen Namen entsprechen der heute üblichen Nomenklatur.

Belemnitida

Belemnites umbilicatus BLAINVILLE, *B. sagittarius* WOLLEMANN, *B. apicicurvatus* BLAINVILLE, *B. compressoides* WOLLEMANN, *Hastites clavatus* (STAHL)*, *Nannobelus acutus* (MILLER)*, *Passaloteuthis paxillosus* LAMARCK*

Brachiopoda

Cincta numismalis LAMARCK*, *Cirpa fronto* (syn. *Rhynchonella variabilis* SCHLOTHEIM), *Rhynchonella subserrata* ROEMER, *R. tetraedra* SOWERBY, *R. kloosi* WOLLEMANN, *R. furcillata* THEOD., *R. dalmasi* DUMORTIER, *R. buchi* ROEMER, *Rimirhynchia anglica* (syn. *Rhynchonella rimosa* BUCH)*, *Spiriferina rostrata* (SCHLOTHEIM)*, *S. walcotti* (SOWERBY)*, *S. münsteri* DAVIDSON, *Waldheimia roemeri* SCHLOENBACH, *W. cornuta* SOWERBY, *W. resupinata* SOWERBY, *W. punctata* SOWERBY

Crinoidea

Isocrinus basaltiformis (MILLER)*, *Seirocrinus subangularis* (MILLER)*

Sonstiges

Aspidocaris ? liasica SCHLÖNBACH, *Serpula quinquecristata* MÜNSTER, Korallen, Spongien

Fossilien der *capricornu*-Subzone (Unt. Pliensbach) von Rottorf

Gastropoda

Pleurotomaria expansa SOWERBY, *P. anglica* SOWERBY, *Trochus laevis* SCHLOTHEIM, *Turbo paludinaeformis* SCHUEBLER

Bivalvia

Aequipecten priscus (SCHLOTHEIM)*, *Anomia numismalis* QUENSTEDT, *Avicula calva* SCHLOENBACH, *Hinnites tumidus* ZIETEN, *Idonearca muensteri* (ZIETEN)*, *Inoceramus ventricosus* SOWERBY, *Lima herrmanni* ZIETEN, *Ostrea semiplicata* MÜNSTER, *Oxytoma inaequivalvis* SOWERBY*, *Pholadomya decorata* ZIETEN, *Plicatula spinosa* SOWERBY, *Pseudopecten aequivalvis* SOWERBY*

Nautiloidea

Nautilus intermedius SOWERBY

Ammonoidea

Amaltheus margaritatus MONTFORT*, *Androgynoceras capricornu* SCHLOTHEIM*, *Liparoceras striatum* REINECKE, *L. henleyi* SOWERBY, *Lytoceras fimbriatum* SOWERBY, *Microceras curvicorne* SCHLOENBACH, *Phylloceras loscombi* SOWERBY, *Prodactylioceras davoei* SOWERBY*

Belemnitida

Belemnites acutus MILLER, *B. compressus* STAHL, *B. umbilicatus* BLAINVILLE, *Hastites clavatus* SCHLOTHEIM*, *Passaloteuthis paxillosus* SCHLOTHEIM*

Brachiopoda

Cirpa fronto, * *Furcirhynchia furcillata* THEOD., *Rhynchonella tetraedra* SOWERBY, *Rimirhynchia anglica* (BUCH)*

Crinoidea

Isocrinus basaltiformis (MILLER)*

Geologie und Tektonik

Der Braunschweiger Raum lag im Rät und Unt. Lias im Randbereich eines Meeresbeckens, NW vor der böhmisch-herzynischen Festlandmasse. In dieses Becken ergossen sich große Ströme. Im Mittl. Lias (Pliensbach) bildete sich in Küstennähe zunächst oolithisches Eisenerz, das in zunehmender Entfernung vom Festland immer mehr in eisenreiche Carbonate und Mergelsteine über-

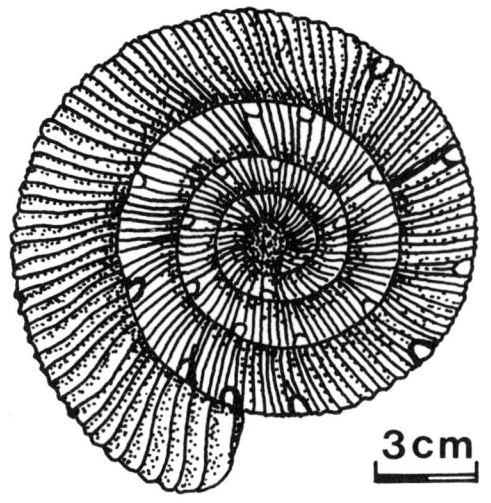

ging; schließlich überwogen dann Tonsedimente. In der Fazies vermitteln die Rottorfer Eisenoolithe zwischen den Ton- und Mergelsteinen im Westen und den Kalksandsteinen im Südosten des Beckens.

Im Süden des Gebietes um Rottorf (Abb. 7.2) liegt, unter einer dünnen quartären Decke in nahezu horizontaler Lagerung, Mittl. und Ob. Keuper; er ist durch den Liasgraben von Rottorf unterbrochen und wird im Norden in einer Störung durch Rät (Keuper) und untersten Lias begrenzt. Im Grabengebiet stehen *planicosta*-Schichten an, die im Nordwesten von Arietiten-Schichten und bei Rottorf von *jamesoni*- und *capricornu*-Schichten überlagert werden. Das Erzlager befindet sich in den beiden letztgenannten Schichten.

Abb. 7.6. *Prodactylioceras davoei* (SOWERBY), Leitfossil der *davoei*-Zone im Lias gamma. Er zeigt einen runden Windungsquerschnitt und feine, nach vorn geneigte Rippen, die über die gerundete Externseite verlaufen. Die Knoten sind etwas verlängert und befinden sich nahe des Externrandes.

Abb. 7.7. Muscheln (Bivalvia) aus dem Lias von Rottorf. A *Aequipecten priscus* (SCHLOTHEIM); B *Modiolus hillanus* (SOWERBY); C *Chlamys textorius* (SCHLOTHEIM); D *Antiquilima succincta* (SCHLOTHEIM); E *Oxytoma inaequivalvis* (SOWERBY).

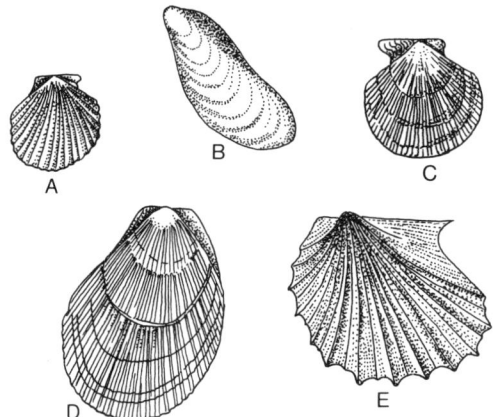

Das Eisenerz

Das Erzlager im Rottorfer Liasgraben streicht in nordwestlicher Richtung in einer Breite von ca. 750 m zutage aus. Seine Bildung steht vermutlich mit der Randstörung in Verbindung, die bereits zur Zeit der Ablagerung eine „Erzfalle" schuf. Im Kontakt zum Gips-

Tafel 7
Abb. 4.1. Aufschluß im Trochitenkalk am Wanderparkplatz Westenhölzchen bei Erkerode. Foto F. J. Krüger.
Abb. 4.2. Kleines Exemplar von *Encrinus liliiformis*, in Trochitenkalk eingebettet. Erkerode/Elm. Foto G. Klischies.
Abb. 4.3. *Encrinus liliiformis* LAMARCK. Ob. Muschelkalk; Erkerode. Slg. H. Hinrichs; Foto G. Klischies.
Abb. 4.4. *Ceratites cf. nodosus*. Ob. Muschelkalk; Bornum/Elm. Slg. O. Lüer; Foto G. Klischies.
Abb. 4.5. Trochitenkalk-Handstück; Erkerode/Elm. Foto G. Klischies.
Abb. 4.6. Kelchbasis von *Encrinus liliiformis* im Trochitenkalk. Durchmesser ca. 16 mm.

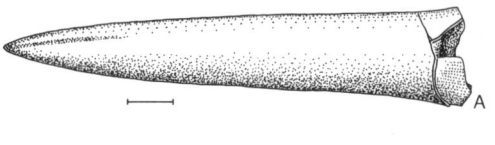

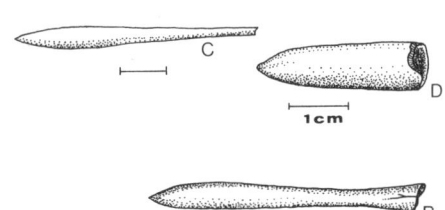

Abb. 7.8. Rostrenbruchstücke verschiedener Belemniten-
gattungen aus dem Lias gamma von Rottorf. Durch die
Wirkung der Erosion sind die auf der Oberfläche liegenden
Rostren häufig nur noch als Bruchstücke zu finden. Slg.
und Foto O. Rummel.

Tafel 8
Abb. 5.1. Doppelklappige, stillwasseranzeigende Schalen
(Steinkerne) der Muschel *Unionites sp.* (syn. *Anoplopho-
ra*). Lettenkohlenkeuper von Sottrum; Länge 1,8 cm.
Abb. 5.2. Die Nordwand der Ziegeleigrube Sottrum zeigt
die Schichten des Unt. Keuper (Lettenkohlenkeuper).
Abb. 5.3. Keupermuschel *Unionites cf. letticus*. Sottrum;
Länge 2,1 cm.
Abb. 5.4. Fossile „Dünenlandschaft": Lackabzug vom Ob.
Keuper (Rät) von Mönchevahlberg. Bänderung durch Ei-
senausfällungen, mit kleinen, perlschnurartig gereihten
Kohleschmitzen. Bildbreite ca. 50 cm.
Abb. 5.5. Sternquarz vom Fuchsberg bei Samtleben. Keu-
per (km 2); Durchmesser 2 cm. Slg. H. Kolle.
Abb. 7.1. Die aufgelassene Eisenerzgrube bei Rottorf am
Klei ist ein einzigartiger Aufschluß des Lias gamma in Nie-
dersachsen (Stand 1980).

Abb. 7.9. Einige der im Lias gamma von Rottorf vertrete-
nen Belemnitenarten: A *Passaloteuthis paxillosus* LA-
MARCK; B *Hastites clavatus* (STAHL); C *Hastites microstylus*
(PHILLIPS); D *Brachybelus breviformis* (VOLTZ).

Abb. 7.10. Stielglieder mit Gelenkflächen von *Isocrinus basaltiformis* (MILLER 1821); Lias gamma, Rottorf. Nicht selten sind in den mergeligen Tonen der Hänge Fragmente, auch mit Cirrenansatzflächen, einzelne Cirren und sternförmige Stielglieder zu finden. Durchmesser 1 cm (links) und 5 mm (rechts).

Abb. 7.11. Darstellung von „Sternsteinen" aus dem Werk von M. MERCATI (1576). Die Stielglieder von *Isocrinus,* bis vor kurzem noch nach ihrer fünfeckigen Form *Pentacrinus* genannt, erinnerten unsere Vorfahren an einen fünfstrahligen Stern. Da man die Herkunft und Bedeutung eines Gegenstands häufig aus dessen Form zu deuten versuchte, nannte man sie Astroiten, „Sternsteine". Im Zusammenhang erhaltene Stielfragmente der Seelilie wurden Enastros genannt (entsprechend den Trochiten und dem Entrochus der Seelilie *Encrinus liliiformis;* siehe Abb. 4.11). Sternsteine waren weniger bekannt, da wesentlich seltener. (Nach ABEL 1939.)

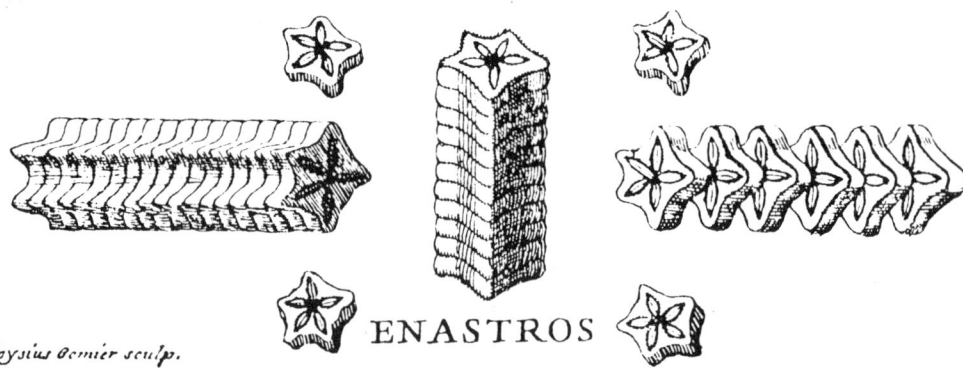

Aloysius Oenier sculp.

ENASTROS

keuper, etwa auf der Höhe von Rottorf, erreicht das Lager seine größte Mächtigkeit. Das Eisen der Erze stammt ebenso wie das primär ausgefällte Eisen vorwiegend aus mechanisch aufgearbeiteten älteren Sedimenten. Die Erzgrube Ernst-August, benannt nach dem Kurfürsten von Hannover (1629–1698), wurde 1937 von den Vereinigten Stahlwerken eingerichtet. Sie erschloß das größere der beiden Eisenerzvorkommen im Liasgraben von Rottorf. Abgebaut wurde nur das hochwertige Erz aus der *jamesoni*-Zone (Jamesoni-Eisenoolith), das im Durchschnitt in einer Mächtigkeit von 6 m anstand. Der Fe-Gehalt der Erze betrug im Schnitt 21,42 %; dazu kamen 17,24 % SiO_2 und 19,23 % CaO. Das Erz ist goethitisch-hämatitisch ausgebildet, mit silikatischen (chamositischen) Partien; daher auch die rotbraune bis ockerbraune Farbe (Hämatit und Limonit). In den tieferen Teilen des Erzlagers soll grünes Erz (Chamosit) vorherrschen.

Bis zur Stillegung im Jahre 1950 konnten 350 000 t Erz gefördert werden. Infolge der geringen Vorräte und des geringen Eisengehaltes hat das Vorkommen seine wirtschaftliche Bedeutung verloren.

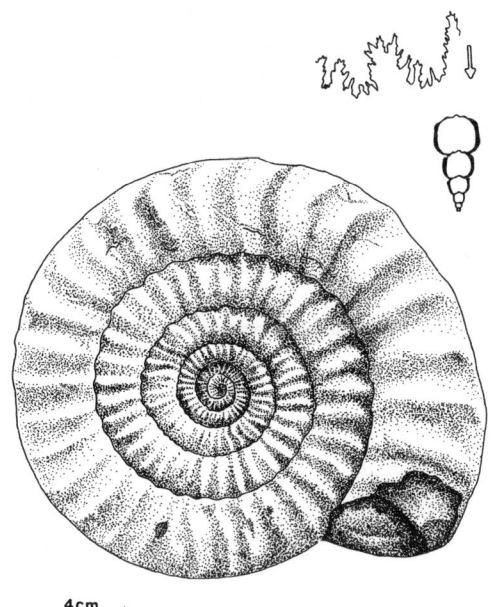

Abb. 7.12. *Coroniceras rotiforme* (SOWERBY 1824); Unt. Lias, Schöppenstedt bei Wolfenbüttel. Das „radförmige Kronenhorn", wie man den wissenschaftlichen Namen übersetzen kann, ist ein ziemlich großwüchsiger Ammonit mit typischer, dornartiger Rippenüberhöhung. Slg. O. Rummel.

Literatur

HOFFMANN, K. (1969): Übersicht über die Lias-Eisenerze Nordwestdeutschlands mit besonderer Berücksichtigung der kleinen Vorkommen. Beih. Geol. Jb. 79, 22–39

MESTWERT, A. (1914): Erläuterungen zur Geologischen Karte von Preußen. Lieferung 185. Blatt Groß-Twülpstedt. Kgl. Preuß. Geol. Landesanstalt, Berlin

POCKRANDT, W. (1974): Der Jura um Hannover. Arbeitskreis Paläontologie Hannover 6, 1–16

SCHLÖNBACH, U. (1863): Über den Eisenstein des Mittleren Lias im nordwestlichen Deutschland. Z. Dt. Geol. Ges. 15

SCHUMANN, H. (1957): Die Belemniten des norddeutschen Lias. Diss. Univ. Tübingen/Geol. Jb. Reihe A, H. 12 (1974)

SEIDEL, E. (1967): Sedimentgesteine des nördlichen Harzvorlandes. Exkursionsführer 54. Jahrestagung Dt. Mineral. Ges. Braunschweig

WOLLEMANN, A. (1892): Verzeichnis der im Eisenstein des Lias gamma am Klei bei Helmstedt bislang gefundenen Versteinerungen. Verh. Naturhist. Ver. der preuß. Rheinlande und Westfalens. 49, 107–147

8 Eisenerz und Liasfossilien von Haverlahwiese

Salzgitter, kreisfreie Stadt im nördlichen Harzvorland, entstand aus dem Zusammenschluß zahlreicher Ortschaften mit einer Fläche von 224 km^2, die heute noch zu 60 % landwirtschaftlich genutzt wird. Unter Salzgitter verbergen sich das größte deutsche Eisenerzlager (2 Mrd. t) sowie Kali-, Steinsalz- und Erdölvorkommen. Von den ehemals sieben Tagebauen und zehn Schachtanlagen, in denen Neokom-Erz gefördert wurde, arbeitete in den letzten Jahren nur noch das Eisenerzbergwerk Haverlahwiese bei Salzgitter-Gebhardshagen; es hat am 30. Juni 1982 ebenfalls die Förderung eingestellt – der Abbau war durch billige Importerze unwirtschaftlich geworden.

Das in Gebhardshagen geförderte Erz entstammt dem Hauterive. Die Bezeichnung „Neokom-Erz" ist ein älterer, weiter gefaßter Begriff, denn das Neokom umfaßt die vier ältesten Stufen der Unterkreide (siehe Tabelle S. 10). Eisenerz (Brauneisen) aus dem Oberjura ist sonst nur noch durch den Tiefbau der Anlage „Konrad" in Salzgitter-Bleckenstedt aufgeschlossen (Malmerzgrube). Aus der Oberkreide wird kein Erz mehr gewonnen, nachdem die Grube Lengede-Broistedt (Mittelsanton) stillgelegt wurde (siehe Kap. 16).
Anfahrt: Von Osterlinde oder Lichtenberg (siehe Kap. 1) über Altenhagen in SE-Richtung zum Tagebau. Zweite Möglichkeit: Von Salzgitter-Gebhardshagen in Richtung Gustedt. Die Straße durchschneidet den Salzgitterer Höhenzug. Hat man die Sportanlagen rechts der Straße passiert, biegt man in die rechts abzweigende Straße ein, die dem Grubenrand des ehemaligen Tagebaues folgt und

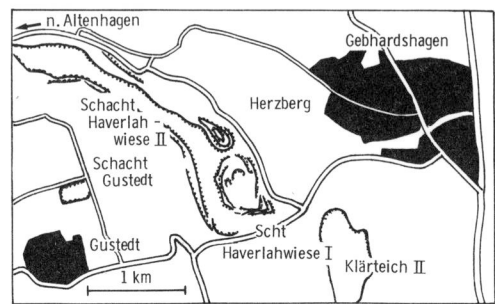

nach Altenhagen und Lichtenberg führt. Fährt man jedoch weiter in Richtung Gustedt, erreicht man nach wenigen hundert Metern die Schachtanlage Haverlahwiese.

Entstehung der Erze

Das Erzlager bei Salzgitter ist flözförmig in einer Mächtigkeit bis zu 100 m ausgebildet; an der Westflanke des Salzgitterer Höhenzuges streicht es zutage. Es entstand während der Unterkreide (Hauterive), im Küstenbereich eines Meeres als mechanisch in der Meeresbrandung aufbereitetes Trümmererz, zum Teil auch als chemische Ausfällung eisenhaltiger Wässer.
Der Raum Salzgitter war vor der Unterkreide-Transgression, während der das Erz entstand, für längere Zeit ein Festland. Hier hatte die Erosion kalkige Toneisenstein-Geoden angereichert. Ihre Entstehung verdankten sie

Alter in Mio. Jahren	Formation	Erzart	Grube	Teufe bis m	Mächtigkeit in m
90	Santon (Ober-kreide)	Kalkiges Geröllerz Wascherz Trümmererz	Bülten Peine Lengede	300 525 100	5−20 5−8 3−8
120	Neokom (Unter-(kreide)	Apt-Oolith Barrême-Trümmer-erz (oder Ton) Hauterive-Oolith	insgesamt Haverlahwiese	1400 600	120 60
150	Korallenoolith (Oxford, Oberjura)	Oolith minetteartig	Konrad	1200	10−18

chemischer Stoffwanderung im unverfestigten Sediment. Die Entstehung dieser Geoden ist nicht eindeutig geklärt. Sie scheinen sich bevorzugt um organische Reste gebildet zu haben, wobei eisenhaltige Lösungen in die wachsende Geode hineinwanderten. Im Verlauf der Diagenese kam es in den Geoden zu Schwundrissen, die später wieder mit mineralischen Substanzen ausgefüllt wurden (Septarien). Sie enthalten häufig Kalkspat, aber auch Zinkblende, Analcim, Bleiglanz und Bleicarbonat. Widerstandsfähiger gegen die Erosion als das umgebende Jura-Gestein, blieben die Geoden in Mengen auf der Oberfläche zurück. Die Brauneisenrinden der Geoden entstanden vermutlich durch Umwandlung primärer Eisencarbonate. Viele dieser Brauneisen-Geoden, die man in Sand- und Kiesgruben findet, sind innen hohl.

Vorkommen der Salzgitter-Erze (nach KOLBE AUS REINSCH 1976).

Zur Zeit der Unterkreide senkte sich das Land und wurde vom Meer überflutet. In Brandungszonen wurden die Geoden angereichert; das Erzlager hat sie teilweise bis heute bewahrt. Weitaus häufiger aber werden die Geoden zerschlagen. Die Brauneisenrinden zerfielen in vieleckige (polyedrische) Scherben, die in der Brandung des Unterkreidemeeres aufgearbeitet wurden; so entstanden die Trümmererze. Diese Brauneisentrümmer sind ein natürliches Eisenkonzentrat, eine „Erzseife".

Chemische Zusammensetzung der Fe-Träger; Angaben in Prozent (nach KOLBE AUS REINSCH 1976).

Art der Fe-Träger	Fe_2O_3	SiO_2	Al_2O_3	CaO	Fe
Phosphorite Lengede	6−9	4−8	10−17	32−33	bis 2 %
Trümmererz Haverlahwiese	62−64	7	3,1	6,3	46−52
Ooide Haverlahwiese	70,5	6,4	5,5	0,1	50−58
Ooide Konrad	63−70	5−9	5−7,5	0,4−1,1	50−59

Oberes Pliensbach (Domerium)	Pleuroceras spinatum	Pleuroceras hawskerense Pleuroceras solare Pleuroceras apyrenum
	Amaltheus margaritatus	Amaltheus gibbosus Amaltheus subnodosus Amaltheus stokesi
Unteres Pliensbach (Carix)	Prodactylioceras davoei	Oistoceras figulinum Prodactylioceras davoei Androgynoceras capricornu Androgynoceras maculatum
	Tragophylloceras ibex	Beaniceras luridum Acanthopleuroceras valdani Tropidoceras masseanum
	Uptonia jamesoni	Uptonia jamesoni Platypleuroceras brevispina Polymorphites polymorphus Phricodoceras taylori

Zonen- und Subzonenammoniten des Pliensbach (Lias gamma und delta).

Charakteristisch ist das Aussehen der Erztrümmer: glatte, glänzende Oberflächen, vieleckige, randlich aufgebogene Formen mit kaum gerundeten Kanten. Nicht selten findet man in Trümmererzen Abdrücke oder abgerollte Steinkerne von Fossilien, so die Ammoniten-Leitform *Amaltheus* aus dem Lias delta. Neben den typischen „Erztrümmern" finden sich auch hellere, braungraue, bohnen- bis röhrenförmige Phosphoritgerölle. Sie sind die Träger der Phosphorsäure im Salzgittererz (ca. 40 % Phosphor). Entstanden sind sie durch kolloidale Ausfällung des Phosphors in Verbindung mit verwesender organischer Substanz.

Das Salzgittererz enthält ca. 0,3–0,5 % Schwefeleisenverbindungen; gelegentlich kommen Schwefelkiesknollen (Markasit, Py-

rit) vor. Eisenhaltige Ooide bildeten sich dadurch, daß Eisenhydroxid ausflockte, sich um Mineralteilchen ablagerte und auf den Meeresboden absank. Die aus den Ooiden gebildeten Erze heißen „oolithische Erze" oder bergmännisch „Kaviarerz". Erze, in denen Trümmer und Ooide gemeinsam auftreten, werden als Mischerz bezeichnet (Abb. 8.5 T).

Das Eisenerzbergwerk

Die Verhüttung von Eisenerz hat im Raum Salzgitter eine uralte Tradition, wie der Fund eines über 2000 Jahre alten Rennofens mit Erzschlacke beweist. Förderung und Verhüttung ist dann durch Urkunden aus dem Jahre 1311 belegt. Im Zuge der Industrialisierung wurden zwischen 1840 und 1870 zwei Hütten-

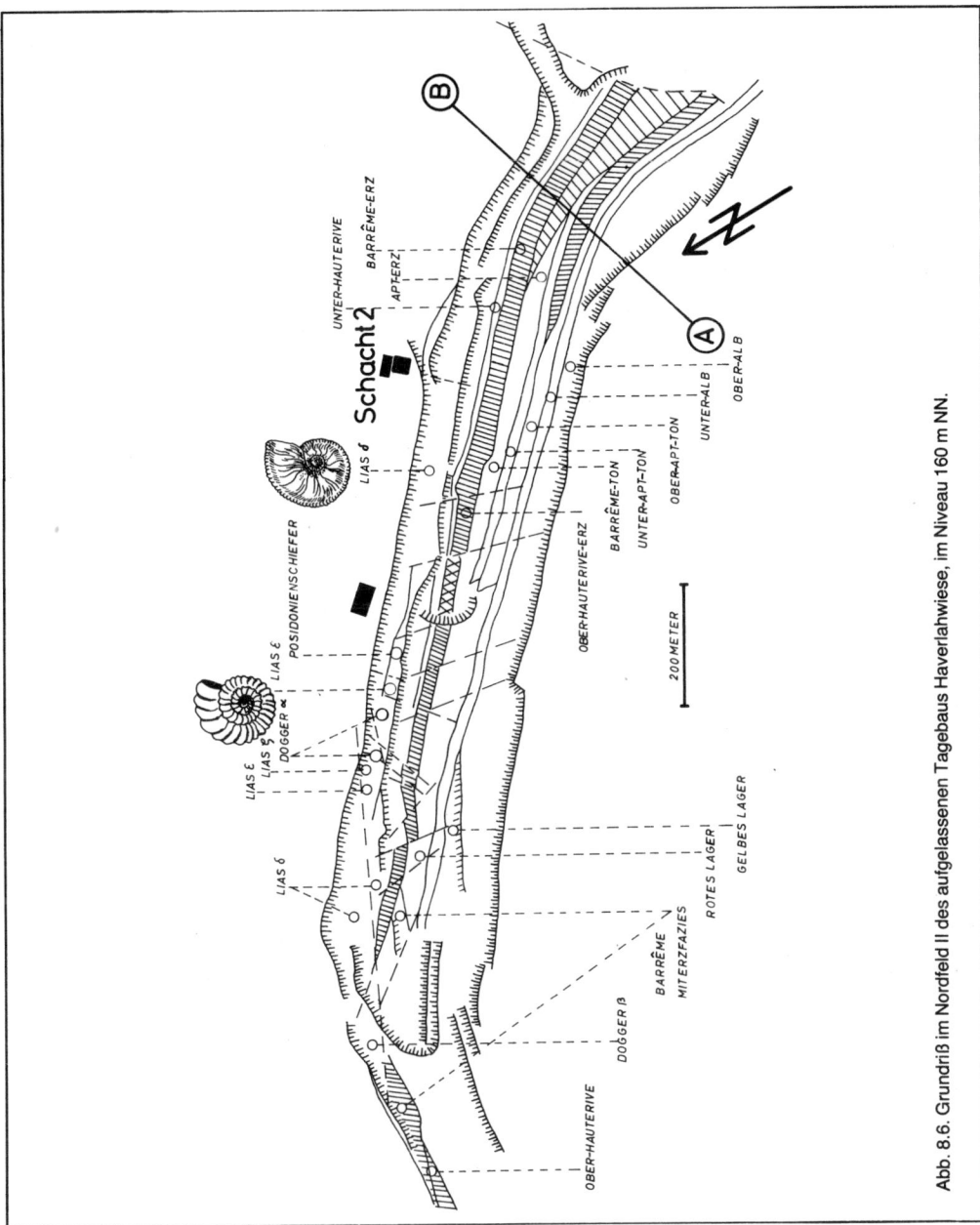

Abb. 8.6. Grundriß im Nordfeld II des aufgelassenen Tagebaus Haverlahwiese, im Niveau 160 m NN.

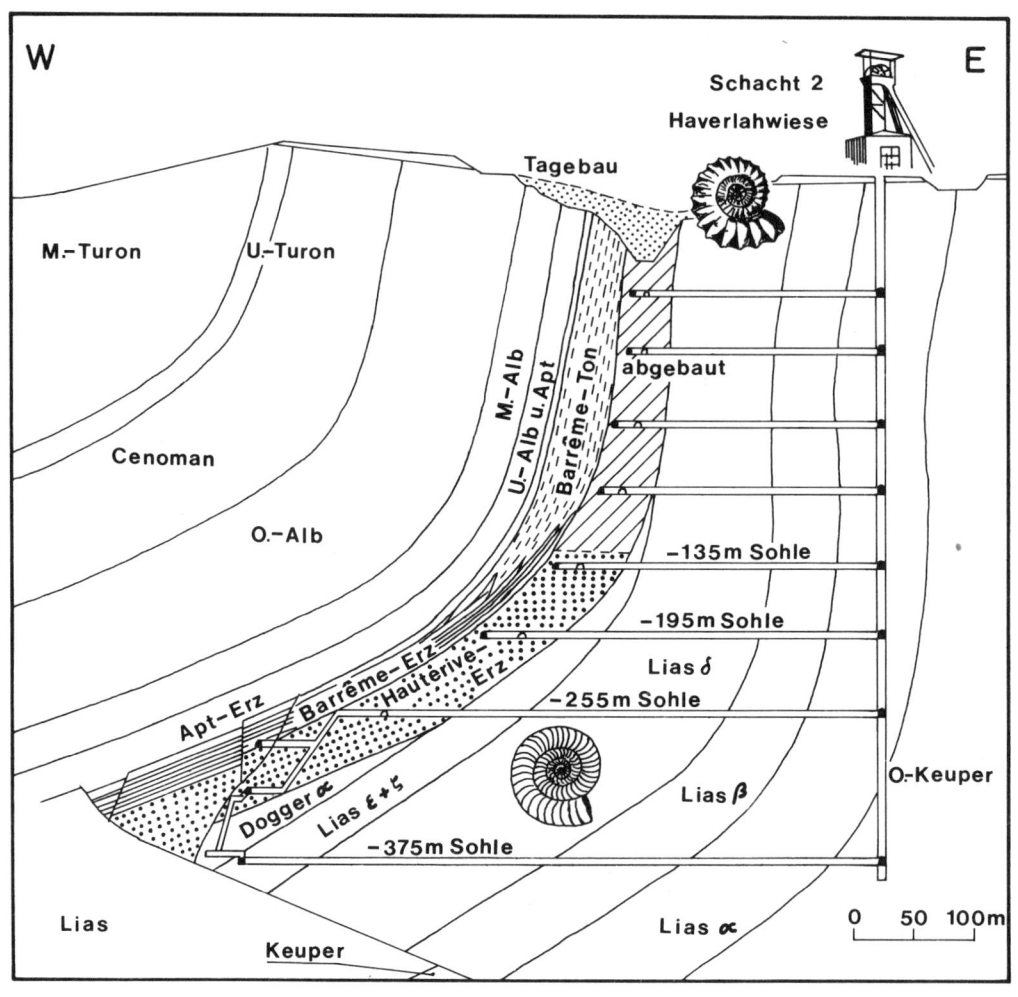

W   E

Schacht 2
Haverlahwiese

Tagebau

M.-Turon   U.-Turon

abgebaut

Cenoman

O.-Alb

−135m Sohle

−195m Sohle

Lias δ

−255m Sohle

Apt-Erz   Barrême-Erz   Hauterive-Erz

Lias β

Dogger α   Lias ε+ζ

O.-Keuper

−375m Sohle

Lias   Lias α

Keuper

0   50   100m

Abb. 8.7. Geologischer Schnitt durch das Erzvorkommen und das Bergwerk Haverlahwiese (Schnitt A–B in der Abb. 8.6).

werke im Salzgitterer Höhenzug gegründet. Technische Probleme mit den sauren Schmelzen der Erze führten jedoch nach wenigen Jahren zur Stillegung. 1937 nahmen die Reichswerke AG den Abbau erneut auf, nachdem spezielle Verfahren zur Verhüttung der sauren Erze entwickelt worden waren. Die ausstreichenden Erze wurden im Tagebau Haverlahwiese gewonnen; auf die tieferliegenden Partien wurden die Schächte Haverlahwiese 1 und 2, Altenhagen und Gustedt abgeteuft. 1964 waren die Vorräte des Tagebau-

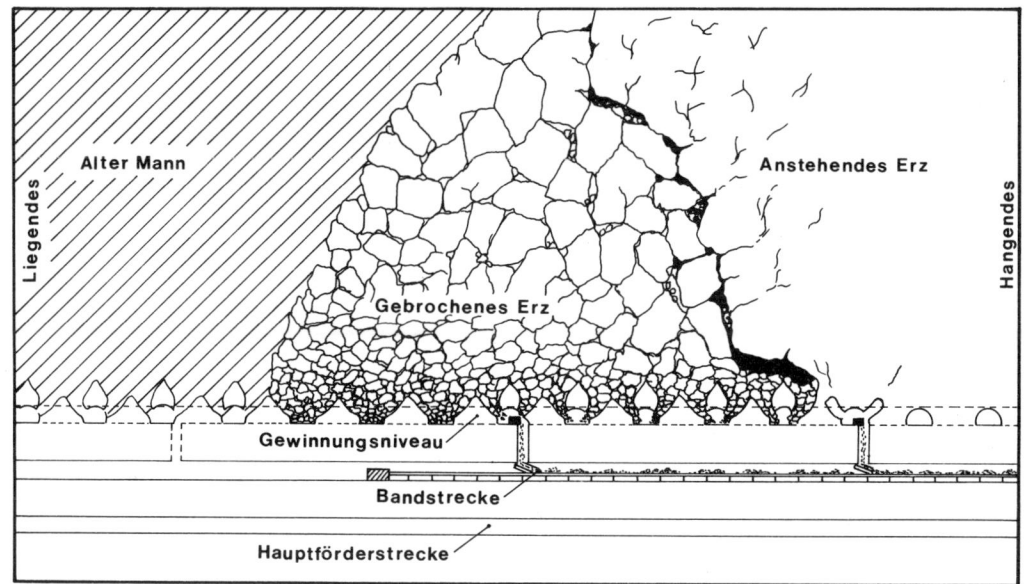

Abb. 8.8. Kontinuierlicher Blockbruchbau. „Alter Mann" ist der bergmännische Ausdruck für die nachgestürzten Erdmassen, die die ausgeerzten Hohlräume des Abbaues ausfüllen.

es erschöpft. Er hatte insgesamt 14 Mio. Tonnen Erz geliefert.

Das Erzlager ist unter Tage bis zu einer Teufe von 540 m aufgeschlossen. Vor der Stillegung schätzte man die wirtschaftlich abbaubaren Vorräte auf ca. 90 Mio. t. Für das Verfahren des Blockbruchbaus, das angewandt wurde, sind massige Lagerstätten mit bestimmten Eigenschaften, z. B. guter Brechbarkeit, erforderlich. Die zum Abbau bestimmten Teile der Lagerstätte werden an der Basis unterschrämt, d. h. dort werden Abzugtrichter eingerichtet. Ist die unterschrämte Fläche groß genug, beginnt der darüber anstehende Erzkörper in den Hohlraum einzubrechen. Das gebrochene Erz wird mit großen Ladern abgezogen und gefördert.

Der Blockbruchbau ist ständig weiter perfektioniert worden. Vom „statischen Blockbruchbau", bei dem die Einzelblöcke (Einsturztrichter) durch stehengelassene Erzpfeiler voneinander getrennt waren, ging man 1959 zum „kontinuierlichen Blockbruchbau" über. Im Erzkörper wird eine Bausohle errichtet und das Erz im Rückbau in Richtung der Großladestelle durch Abzugtrichter gewonnen. Die Abzugtrichter werden vom Gewinnungsquerschlag aus mittels Großlochbohrmaschinen (Bohrwagen) vorgebohrt und die Einbruch-Bohrlöcher durch Sprengungen trichterförmig erweitert. Die zur Erzgewinnung eingesetzten Lader ziehen das Erz aus den Kopftrichtern. Die ausgeerzten Kopftrichter werden in einem Abstand von 10 – 15 m neu errichtet.

Das „Blockerz" wird in zentralen Panzerdurchlaufbrechern auf eine Korngröße von ca. 30 cm gebracht, auf einem Sammelband einer Verladestelle zugeführt und in Groß-

Abb. 8.9. *Amaltheus stokesi* (SOWERBY). Ob. Pliensbach; Durchmesser ca. 4,5 cm. Schwache, sinusförmige Rippen, die im oberen Viertel der Flanken vorschwingen, dann sich verbreitern oder gabeln; Kiel gerundet, zopfartig. Unterscheidet sich von *A. margaritatus* durch den nicht so stark abgesetzten Zopfkiel.

Fossilien aus dem Tagebau

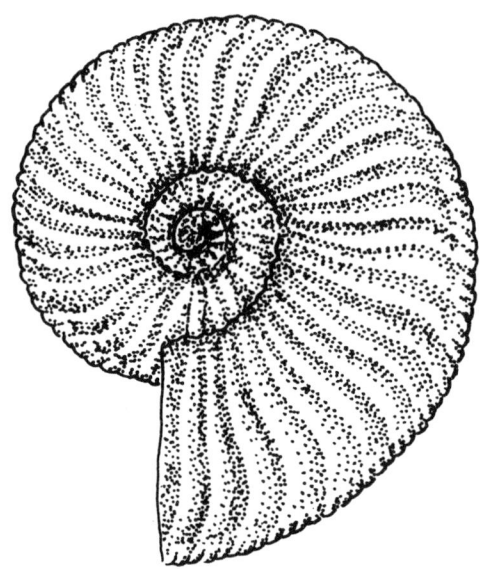

Mit dem Tagebau im Grubenfeld Haverlahwiese war 1937 begonnen worden, gleichzeitig mit den Vorbereitungen für den Tiefbau.

Das Gelände des 1964 aufgelassenen Tagebaues ist für den Fossiliensammler noch immer interessant. Vor dem Betreten des Grubengeländes ist die Genehmigung von der Betriebsleitung einzuholen. Sammlergruppen haben größere Chancen als Einzelsammler – das gilt auch nach Schließung der Grube! Adresse: Stahlwerke Peine-Salzgitter AG, Postfach 41 11 80, 3320 Salzgitter 41.

An der Ostwand des heute teilweise rekultivierten Grubengeländes steht Lias delta (Pliensbach, Amaltheen-Ton) an. Auch der beim Abteufen aus dem Stollenbau anfallende Abraum des Lias wurde hier angefahren.

Im Amaltheen-Ton sind überwiegend Ammoniten zu finden, *Pleuroceras spinatum* (Abb. 8.1 T) und *Amaltheus margaritatus* (Abb. 8.4 T) als Leitformen der *margaritatus*- und *spinatum*-Zone, daneben noch weitere Amaltheen

raumwagen aus dem Abbaurevier abtransportiert. Ein Zugverband besteht aus 40 Wagen mit einem Fassungsvermögen von je 5,5 Tonnen Erz (3,1 m^3).

Bis 1969 erfolgte der Ausbau der Strecken und Querschläge durch Stahlsegmente mit Eichenbretterverzug. Danach wurde der rationellere Ankerausbau mit Maschendraht und Spritzbeton verwendet. Die Schachtanlage förderte bis 1973 ca. 72,9 Mio. t Eisenerz.

In den Räumen des Renaissance-Schlosses Salder ist ein Museum untergebracht (Neue Abteilung des Städtischen Museums Salzgitter-Salder) mit einer ständigen Ausstellung zur heimischen Erz- und Stahlgewinnung (Modelle, Arbeitsgeräte, Trachten, Werkzeuge usw.).

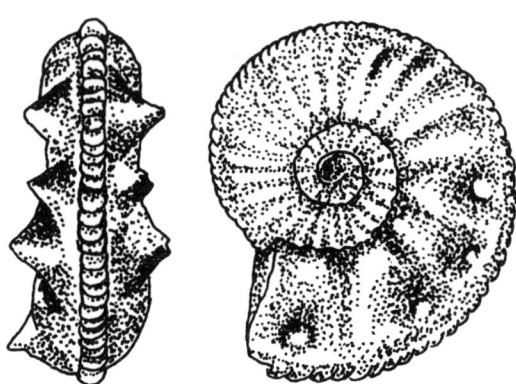

Abb. 8.10. *Pleuroceras salebrosum* (HYATT), früher *Amaltheus spinosus* QUENSTEDT 1856, mit sporadischen, kräftigen Flankendornen. Ob. Pliensbach; Durchmesser ca. 3 cm.

Abb. 8.11. *Androgynoceras (A.) lataecosta* (Sowerby). Lias delta; Durchmesser ca. 2,5 cm. Von *A. capricornu* (Schlotheim 1820) durch größeres Querschnittswachstum unterschieden (Jugendformen nicht unterscheidbar). Im Alter schwache Dornen am Innen- und Außenbug.

Abb. 8.12. *Tragophylloceras loscombi* (Sowerby). Unt. Pliensbach, *davoei*-Zone; Durchmesser ca. 2 cm.

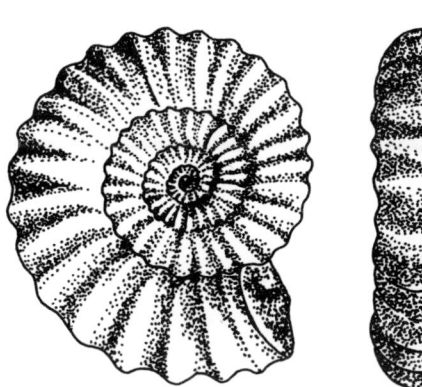

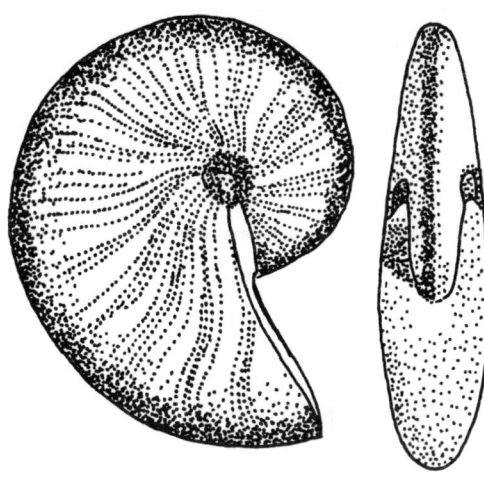

und Fossilien des Pliensbach. Als Seltenheit konnten in Geoden auch Insektenflügel nachgewiesen werden. Da es sich bei dem im Tagebau angefahrenen Fremdmaterial um Abraum anderer Stufen handelt, sind auch vielfach Fossilien anderer Schichten und Stufen, z. B. aus dem Posidonienschiefer oder der Unterkreide (Hauterive) zu finden. Die Unterkreidefossilien sind an dem anhaftenden Eisenoolith zu erkennen.

In seinem Westteil ist der Tagebau mit hellen Cenomanmergeln verfüllt. Die Fossilien der Oberkreide sind schon auf den ersten Blick nicht mit den Fossilien aus den graublauen Liastonen zu verwechseln.

Die Gliederung des Profils erfolgte im Tagebaubereich mit Hilfe von Ammoniten und Belemniten. Anhaltspunkte für die stratigraphische Zuordnung eigener Funde lassen sich durch eine genaue Fossilbestimmung gewinnen.

Abb. 8.13. *Pleuroceras solare* (Phillips). Ob. Pliensbach; Durchmesser 4,5 cm. Die scharfen radialen Rippen schwingen am Außenbug sehr stark nach vorn und sind schaufelartig überhöht; sie verschwinden vor dem Zopfkiel.

Fossilien des Pliensbach (Lias) (Auswahl)

Foraminiferida

Bolivina liasica liasica, B. liasica amalthea, Dentalina ventricosa, D. varians, D. tenuistriata, D. terquemi, Lenticulina denticulata carinata, L. acutiangulata, Marginulina prima, Nodosaria columnaris, Nubeculariella infraoolithica, Saracenaria sublaevis, Vaginulina listi

Bivalvia

Aequipecten priscus, Astarte striatosulcata, A. gueuxi, Chlamys subulata, C. textorius, Cucullaea muensteri, Gryphaea cymbium, Gresslya abducta, Inoceramus ventricosus, Modiolus hillanus, M. minimus, Nuculana trapezoidalis, Oxytoma inaequivalvis, Palaeonucula subglobosa, Parainoceramus substriatus, Pseudopecten aequivalvis, Plagiostoma pectinoides, Pseudolimea acuticosta, Tutcheria cingulata, Pholadomya ambigua, Antiquilima succincta

Ammonoidea

Acanthopleuroceras valdani, A. maugenesti, Amaltheus margaritatus (Abb. 8.4 T), *A. stokesi* (Abb. 8.9), *A. subnodosus, A. bifurcus, A. wertheri, A. engelhardti, Androgynoceras capricornu, A. lataecosta* (Abb. 8.11), *A. maculatum, Arieticeras algovianum, Beaniceras centaurus, Liparoceras bronni, Lytoceras fimbriatum, Oistoceras figulinum, O. curvicorne, Platypleuroceras brevispina, Pleuroceras spinatum* (Abb. 8.1, 8.2 T), *P. salebrosum* (Abb. 8.10), *Prodactylioceras davoei, Polymorphites polymorphus, P. caprarius, Tragophylloceras numismalis, T. ibex, T. loscombi* (Abb. 8.12), *Uptonia jamesoni, U. bronni*

Ostracoda

Aphelocythere undulata, Ogmoconcha contractula, Procytheridea variabilis, P. harpa

Brachiopoda

Cirpa fronto, Cuneirhynchia oxynoti, Furcirhynchia furcillata, Homoeorhynchia lineata, Lobothyris punctata, Rimirhynchia rimosa, Spiriferina walcotti, Rudirhynchia calcicosta, Zeilleria cornuta

Literatur

Informationsschrift „Eisenerzbergwerk Haverlahwiese" der Salzgitter Erzbergbau AG

KOLBE, H. (1981 a): Eisenerz im südlichen Salzgitterer Sattel und der Schroederstollen. Clausthaler Geol. Abh. 41, 97−118 (mit weiterer Literatur)

− (1981 b): Geologie und Bergbau der Unterkreide-Erze von Salzgitter im Bereich der Schachtanlage Haverlahwiese, Salzgitter-Gebhardshagen. Exkursionsführer 133. Hauptverslg. Dt. Geol. Ges., Clausthal

PARTSCH, P. (1981): Schachtanlage Konrad − Vom Eisenerzbergbau zur Sonderdeponie. Mitt. Interessengruppe Paläont. Mineral. Wolfsburg, 1, H. 2, 11−18

SPANKE, TH. (1973): Neuere Entwicklungen in der Abbau-Technologie der Eisenerzgrube Haverlahwiese der Salzgitter Erzbergbau A.G. Erzmetall 26/12

WEIGELT, J., VOIGT, E. (1931): Tektonische Grundlagen der Bildung von Trümmer-Eisenerzlagerstätten im Nordwesten des Harzes. Z. Dt. Geol. Ges. 83, 8, 541−569

9 Fossilien aus dem Doggerton von Lechstedt

Zur Zeit des Mittl. Jura war der südliche Teil Nordwestdeutschlands von einem flachen Meer bedeckt. Im Norden lag ein Festland, von dem aus zwei großräumige Einschüttungen groben Kalkmergels (Cornbrash-Fazies) im Unter- und Oberbathon erfolgten. In den küstenferneren Meeresteilen wurde feiner Ton abgelagert, der heute in den Tongruben Lechstedt und Hildesheim aufgeschlossen ist.

Die Grube Lechstedt hat, wie so viele bedeutende Aufschlüsse, eine „Karriere" vom El Dorado für Wissenschaftler und Sammler bis zur Mülldeponie mitgemacht. Der Umstand, daß es sich um einen der bedeutendsten Bathon-Aufschlüsse Nordwestdeutschlands handelt, rechtfertigt trotz der schlechten Verhältnisse die Behandlung in diesem Buch.

Der Abbau der Doggertone begann in der zweiten Hälfte des vorigen Jahrhunderts und wurde vor einigen Jahren eingestellt. In der Nähe existieren einige weitere Gruben, in denen Tone des Untercallov gewonnen wurden. Der Fossilreichtum weckte schon sehr früh das Interesse der Wissenschaft. Erste Beschreibungen und Fossillisten stammen von BRAUNS (1869) und BEHRENDSEN (1886). Eingehend bearbeitete das Vorkommen ROEMER (1911), mit der Ammonitenfauna beschäftigte sich WESTERMANN (1958).

Gute Fundmöglichkeiten gab es noch einmal 1975, als Erdarbeiten zur Einrichtung der Mülldeponie durchgeführt wurden. Noch (1982) ist die Grube nicht ganz verfüllt; und wer sich vom stinkenden Müll nicht abschrecken läßt, kann Belegstücke von diesem einst so bedeutenden Fundort sammeln. Die Genehmigung dazu muß beim Müllabfuhr-

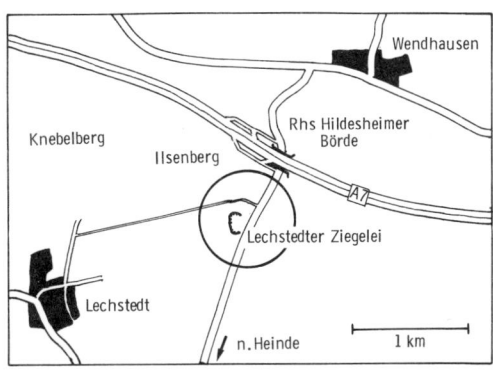

Zweckverband in Großdüngen eingeholt werden.

Anfahrt: Die ehemalige Ziegelei-Tongrube Lechstedt liegt in der Nähe der Raststätte Hildesheimer Börde (A 7 Kassel–Hannover), ca. 10 km SE Hildesheim und 7 km N Bad Salzdetfurth an der Straße Heinde-Wendhausen.

Geologie, Lebensraum, Fossilien

Die Schichten des Oberbathon (Ob. Dogger) fallen mit wenigen Grad nach Norden ein. Im Norden wird es durch Untercallov begrenzt. Das Gestein ist ein schluffiger, feinsandiger, kalkiger Ton von grauer Farbe.

Aus den Hängen im Südteil der Grube können Fossilien der *paradoxus*- und *aspidoides*-Subzone geschürft und abgesammelt werden.

101

	Zone	Subzone	Leitammoniten
Dogger (Brauner Jura) Oberbathon	*aspidoides*	*aspidoides*	*Oxycerites (O.) aspidoides*
		paradoxus	*Paroecotraustes (P.) paradoxus*
		densecostatus	*Paroecotraustes (P.) densecostatus*

Gliederung der *aspidoides*-Zone (Oberbathon) in Subzonen mit Leitammoniten.

Ein stratigraphisches Sammeln dürfte allerdings kaum mehr möglich sein. Früher waren (WESTERMANN 1958) alle Subzonen der *aspidoides*-Zone des Oberbathon erschlossen (Tabelle oben).
Die Fauna ist kleinwüchsig; Ammoniten, Muscheln und Schnecken sind meist pyritisiert und erreichen Größen von 0,5−2 cm. Von größeren Fossilien findet man ausnahmslos nur Bruchstücke; z. B. zerdrückte Windungsbruchstücke von Ammoniten und zerbrochene Schalen von Trigonien (Abb. 9.6 T), oder zerbrochene calcitisierte Rostren von Belemniten. In Toneisenstein-Geoden kommen auch kleine Schnecken und Muscheln vor. Pyritkerne sind innen häufig hohl, was die Neigung zum „Ausblühen" des instabilen Schwefeleisens noch verstärkt.
Die Cephalopodenfauna (Ammoniten, Belemniten) bezeugt ein normales marines Milieu als Lebensraum. Bestimmte Tierklassen, z. B. Korallen, Bryozoen und Schwämme, fehlen, da es in dem tonigen Sediment wenig sekundäre Hartböden zur Besiedelung gab.
Neben den arten- und individuenreichen planktonischen Tierklassen ist auch das vagile

Benthos mit Schnecken, Muscheln, Brachiopoden und Würmern reich entwickelt. Doppelklappig erhaltene Muscheln und die auffällige Dünnschaligkeit der Fauna sprechen für ein ruhiges, küstenfernes Ablagerungsmilieu. Bei den nicht seltenen (pyritisierten) Holzresten handelt es sich um eingeschwemmtes Treibholz.

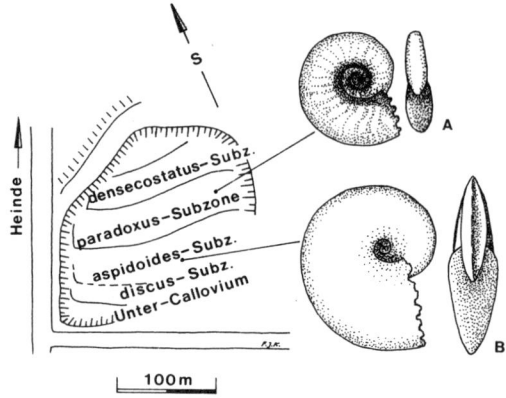

Abb. 9.8. Skizze der Zgl. Lechstedt mit Untergliederung der *aspidoides*-Zone und zwei wichtigen Leitammoniten: A *Paroecotraustes (P.) paradoxus*; B *Oxycerites (O.) aspidoides*.

102

Fossilien des Oberbathon von Lechstedt

Gastropoda
Alaria sp., Cryptaulax mirabilis (Abb. 9.9), *Pleuroto-maria septentrionalis, Trochus sp.*, Kleinschnecken (nicht bestimmt)

Bivalvia
Arca subrhomboidalis (Abb. 9.14), *Astarte sp., Camptonectes lens, Dacryomya acuta, Gresslya sp., Goniomya sp., Grammatodon concinna* (syn. *Cucullaea concinna*), *Isocardia sp.* (Abb. 9.15), *Leda subovalis* (Abb. 9.12), *Modiola borissjaki, Meleagrinella decussata, Nucula ignota, N. caeciliformis, N. minuta, Oxytoma inaequivalve, Ostrea cf. knorri, Placunopsis cf. fibrosa, Posidonia alpina, Pholadomya sp., Thracia crassa, T. sp.*

Annelida
Serpula quenstedti (Abb. 9.10), *Serpula sp.*

Nautiloidea
Nautilus cf. calloviensis

Ammonoidea
Bullatimorphites bullatus, B. microstoma, Choffatia sp., Clydoniceras (C.) discus, Oxycerites (O.) aspidoides, O. (Pleuroxyites) fuscoides, Parapatoceras distans bentzi, Paroecotraustes (P.) serrigerus, P. (P.) densecostatus, P. (P.) paradoxus, P. (P.) parvus, P. (Alcidellus) tenuistriatus, P. (A.) lateumbili-catus, P. (A.) sculptus, P. (A.) costatus, P. (A.) subtilis, P. (A.) crassus, Siemiradzkia sp., Strigoceras septicarinatum

Belemnitida
Hibolites cf. calloviensis (Abb. 9.11)

Crustacea
Krebsreste in kleinen Geoden

Bryozoa
unbestimmte Arten, selten auf Austern

Brachiopoda
Rhynchonelloidella alemanica (syn. *Rhynchonella varians*) (Abb. 9.5 T, 9.13) „*Rhynchonella*" *triplicosa, Waldheimia cf. subbucculenta*

Crinoidea
Pentacrinus cf. sartacensis (Abb. 9.9)

Echinoidea
Cidaris sp. (selten)

Pisces
Fischreste, Zähne (selten)

Pflanzen
verkieste Holzreste

Hinfällige Schönheit – Pyritfossilien

Eine Sammlung verkiester (pyritisierter) Fossilien ist der Stolz eines jeden Sammlers, aber auch sein „Sorgenkind"; denn der Zerfall des Schwefeleisens (Markasit oder Pyrit) ist nur schwer aufzuhalten. Verkieste Fossilien findet der Sammler vorwiegend in den tonigen Sedimenten von Lias, Dogger und Unterkreide. Beliebt und bekannt sind besonders die als „Goldschnecken" bezeichneten pyritisierten Ammoniten. Auch die weltbekannten Fossilien aus dem Bundenbacher Schiefer (Seelilien, Trilobiten, Panzerfische) sind pyritisiert, neigen allerdings kaum zum Ausblühen. Die Lechstedter Fossilien sind in unterschiedlicher Form erhalten. Häufig bestehen die Kerne aus Pyrit; bei doppelklappigen Muscheln sind sie oft hohl. Der Pyrit kann aber auch einen glänzenden Überzug bilden. Nicht selten umgeben Schwefeleisen-Konkretionen das Fossil, oder es sitzt solchen Konkretionen auf. Schwefelkies (FeS_2) entstand durch das Freiwerden von Schwefelwasserstoff bei der Zersetzung der Tierleichen.

Die Beständigkeit unserer empfindlichen Objekte hängt von der Stabilität des FeS_2, der Behandlung, der wir die Fossilien unterziehen, und ihrer Aufbewahrung ab. Schwefeleisen (Markasit, Pyrit) reagiert mit dem Luftsauerstoff – besonders bei Feuchtigkeit – und wird zu Eisensulfat. Eine Eisenoxidschicht aus stabilem Brauneisen (Limonit, $FeO(OH)$) oder dunklem Hämatit (Fe_2O_3) wirkt dagegen schützend.

„Ausblühen" der Fossilien heißt, daß sich rasch ein weißer „Kristallfilz" aus löslichem Eisenvitriol, Melanterit ($Fe(SO_4)\cdot 7\,H_2O$), bildet und das Fossil unaufhaltsam zerfällt (Abb. 9.7 T). Eine sichere Konservierungsmethode gibt es bisher nicht. Von besonders wertvollen Stücken sollte man deshalb einen Abguß herstellen. Verschiedene Techniken sollen der Zerstörung entgegenwirken. Die Pyritfossilien werden in Wasser gekocht, um die Schwefelsäure aus dem Inneren herauszubrin-

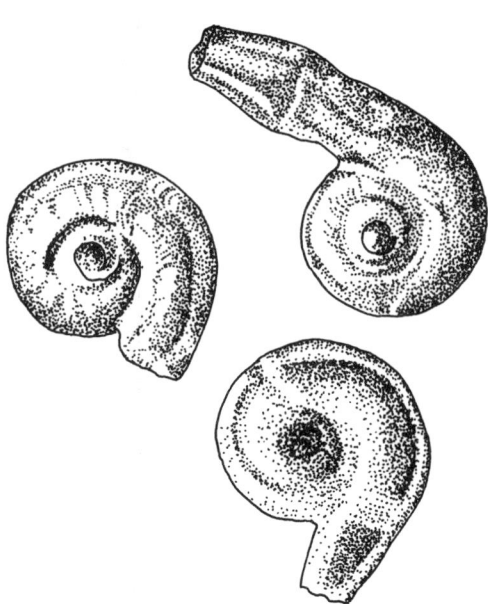

Abb. 9.10. Röhren von *Serpula quenstedti*. Kennzeichen: viereckiger Querschnitt, spiralige Einrollung mit geradem Fortsatz, der bis 10 mm lang werden kann. Nicht aufgewachsen; Durchmesser ohne Fortsatz 5 mm.

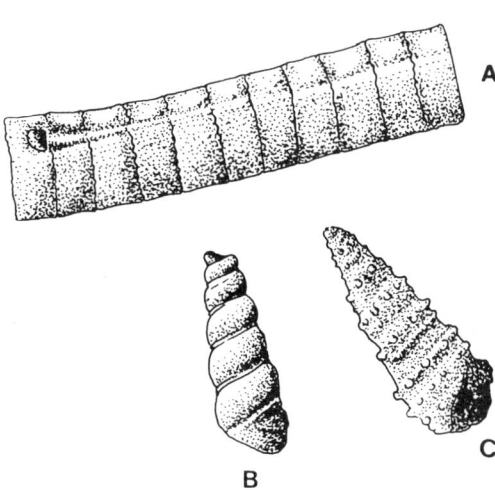

Abb. 9.9. A Stielfragment der Seelilie *Pentacrinus cf. sartacensis* mit Ansatzstelle einer Cirre. Länge 14 mm, Durchmesser 3 mm; Turmschnecke *Cryptaulax mirabilis*, Pyritkern (B) und in Schalenerhaltung (C), mit zahlreichen Dornen; Länge 9 mm.

Tafel 9
Abb. 6.1. Sandstein-Hangendplatte mit Spurenfossilien (Kriechspuren) *Gyrochorte comosa* HEER 1865 (1) und *Neonereites uniserialis* SEILACHER 1960 (2) aus dem Lias (Hettang) der Zgl. Lehrmann/Helmstedt.
Abb. 6.2. *Kouphichnium* NOPCSA 1923; sehr unterschiedlich ausgebildete Spuren des Pfeilschwanzkrebses *Limulus*. Höhe der linken Sandsteinplatte 6 cm. Lias (Ob. Hettang) der Zgl. Mackendorf.
Abb. 6.3. Gut erhaltener Insektenflügel der Ordnung Mecoptera PACKARD 1886 (schlanke Landinsekten mit vier gleichartigen, zarten Flügeln). Lias, Posidonienschiefer von Schandelah; Größe 12,2 × 3,8 mm.
Abb. 6.4. Hinterflügel von *Elcana sp.* aus dem Lias von Schandelah; Größe 9,5 × 2,15 mm.
Abb. 6.5. Ammonit *Dactylioceras sp.* aus dem Posidonienschiefer (Lias, Unt. Toarc); Durchmesser 4,5 cm.
Abb. 6.6. *Harpoceras elegans* SOWERBY ist wie alle Ammoniten des Posidonienschiefers nur als pyritisierter, flachgedrückter Rest des Periostracums erhalten. Artbestimmungen sind deshalb schwierig. Unt. Toarc; Durchmesser 5,4 cm.

gen; danach werden sie in Nitroverdünnung, Alkohol oder Ether getaucht und getrocknet. Diese Grundbehandlung sollten alle instabilen Fossilien aus Schwefeleisen erfahren. Anschließend kann man sie in einem Glasbehälter mit Petroleum oder Paraffinöl aufbewahren. Nachteil: Die Fossilien lassen sich schlecht betrachten und müssen, soll mit ihnen hantiert werden, herausgenommen und abgetrocknet werden.

Eine andere Möglichkeit besteht darin, sie in einem Tauchbad mit einem schützenden Lacküberzug zu versehen. Dazu eignet sich eine Schellacklösung, Nitro-, Präparations- oder Zaponlack, der mit Aceton verdünnt wird. Ammoniten, die trotz Grundbehandlung und Versiegelung nach kurzer Zeit die gefürchteten weißen Flecken bekommen, werden in einen Block Polyesterharz (Gießharz) eingegossen. Über einen Zeitraum von 10 Jahren war bei solcher Behandlung kein weiterer Zerfall festzustellen (Abb. 9.3 T).

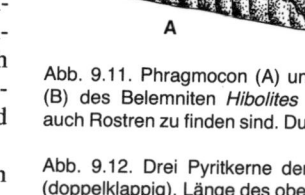

A B

Abb. 9.11. Phragmocon (A) und uhrglasförmige Kammer (B) des Belemniten *Hibolites cf. calloviensis,* von dem auch Rostren zu finden sind. Durchmesser von B 9 mm.

Abb. 9.12. Drei Pyritkerne der Muschel *Leda subovalis* (doppelklappig). Länge des oberen Exemplars 11 mm. Die Doppelklappigkeit bezeugt ruhiges Wasser als Lebensraum.

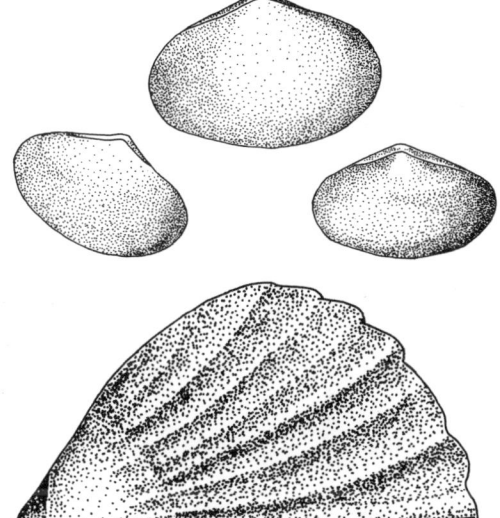

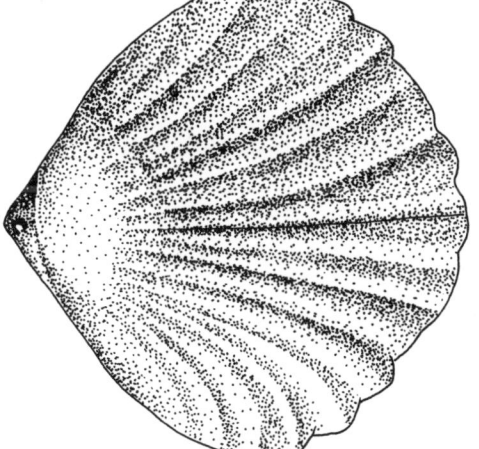

Abb. 9.13. Brachiopode *Rhynchonelloidella alemanica* (syn. *Rhynchonella varians*), beschalter Pyritkern; Breite 14 mm.

Weitere Fundorte

Schöne Fossilien kamen aus der ehemaligen Zgl. Osterfeld bei Goslar (Abb. 9.1 T). Heute befindet sich dort ein Sportplatz; Funde sind mit Glück noch möglich.

Ein bedeutender Bathon-Aufschluß war die S Hildesheim am Galgenberg gelegene Tongrube der Hildesheimer Dachziegelwerke. Als Zgl. Temme war sie wegen ihrer schönen Ammonitenfauna in Pyrit- oder Limoniterhaltung weit bekannt. Auch dort sind heute nur noch mit großem Glück Funde zu machen.

Abb. 9.16. Muschel *Nucula caeciliformis* in einer interessanten Erhaltung: A Die aufgeplatzte Schale zeigt den Pyritkern. B Pyritkern mit Muskelabdrücken, ohne Schale.

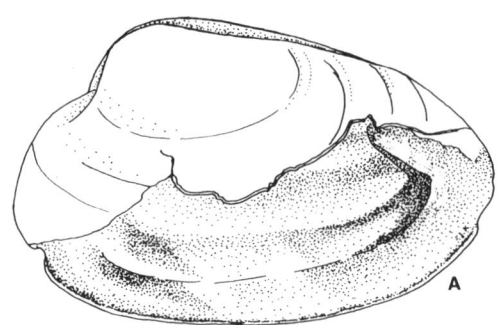

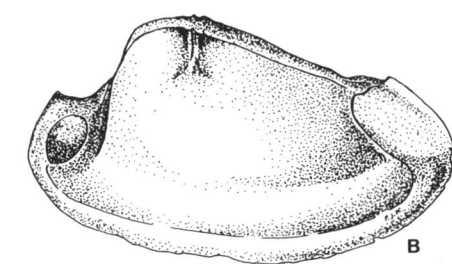

Abb. 9.14. Muschel *Arca subrhomboidalis*, Pyritkern; Breite 14 mm.

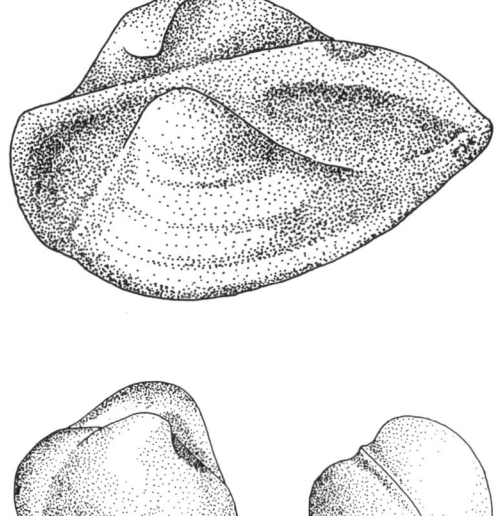

Abb. 9.15. Kleine Exemplare von *Isocardia sp.*, doppelklappige Pyritkerne. Durchmesser 6 mm.

Abb. 9.17. *Paroecotraustes (P.) paradoxus*, Leitammonit der *paradoxus*-Subzone, in Limoniterhaltung (Brauneisen) und daher nicht vom Zerfall bedroht.

Literatur

BEHRENDSEN, O. (1886): Die jurassischen Ablagerungen von Lechstedt bei Hildesheim. Z. Dt. Geol. Ges. 38, 1–25

BRAUNS, D. (1869): Der mittlere Jura im nordwestlichen Deutschland. Kassel

HARDT, H. (1958): In Erz umgewandelte Tiere und Pflanzen. Wittenberg (Die neue Brehm-Bücherei 210)

JÄGER, M. (1976): Die Tongrube der Ziegelei Lechstedt und ihre Fossilien. Arbeitskreis Paläontologie Hannover 4, 1–15

ROEMER, J. (1911): Die Fauna der aspidoides-Schichten von Lechstedt bei Hildesheim. Diss. Göttingen

WESTERMANN, G. (1958): Ammoniten-Fauna und Stratigraphie des Bathonien NW-Deutschlands. Beih. Geol. Jb. 32

25mm

10 Der Malm vom Langenberg

Die Schichten des Malm sind im Vergleich zu anderen Gebieten im Bereich Hannover–Braunschweig unterrepräsentiert. Zwar verzeichnet Nordwestdeutschland zahlreiche Malmaufschlüsse, so bei Heersum (Typlokalität der „Heersumer Schichten", Unt. Malm) und im Korallenoolith im Gebiet von Deister, Osterwald und Süntel. Doch zwischen Harz und Heide sind nur die Steinbrüche im Langenberg am nördlichen Harzrand bemerkenswert. Der Langenberg liegt im Dreieck zwischen Goslar und Bad Harzburg (genauer: zwischen Oker und Schlewecke) und Harlingerode. Er besteht aus den Schichten des Unt. und Mittl. Malm, erreicht eine Höhe von 300 Metern über NN und erstreckt sich in Richtung des herzynischen Streichens.

Ein Ausflug in die Geschichte

Von der Höhe des Langenbergs hat man einen ausgezeichneten Blick über das nördliche Harzvorland, die Okerniederung und den Harzrand – ein geschichtsträchtiges, mit großen Namen der deutschen Historie verbundenes Gebiet.
Im S sehen wir die dicht mit Nadelwald bestandenen Höhen des Harzes. Um 800 n. Chr. war er noch nicht besiedelt, diente aber als reiches Jagd- und Sammelrevier. Bereits 968 wird der Rammelsberg bei Goslar in Verbindung mit der Erzgewinnung erwähnt. Um 1260 lag die Besiedlungsgrenze unmittelbar

Portland			Ob. Malm
Kimmeridge	Ob. Mittl. Unt.		Mittl. Malm (jwm)
Oxford	Ob. Unt.	Korallen-oolith	Unt. Malm (jwu)
		Heersumer Schichten	

Stratigraphie des Malm.

am Harzrand; zahlreiche Niederlassungen wurden hier gegründet. Mit dem Bau von Straßen – eine der ersten durchquerte die Harzhöhen von Goslar nach Osterode – begann die wirtschaftliche Erschließung. Auf den bedeutenden Handels- und Heerstraßen, die am nördlichen Rand des Harzes entlangführten, zogen vermutlich schon die Merowinger, mit Sicherheit aber die Karolinger so-

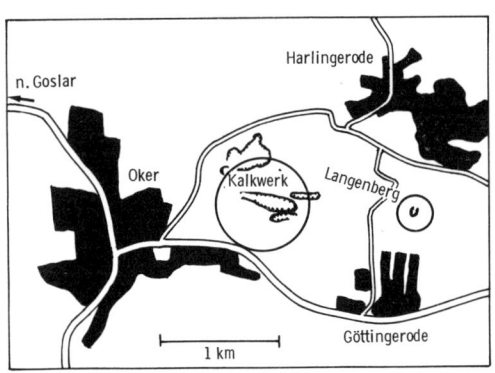

wie sächsische Könige und Kaiser. Die Straßen waren Bestandteil der wichtigen West-Ost-Verbindungen vom Rhein zur Elbe. Heinrich III. baute in Goslar die Kaiserpfalz aus (1039−1056), und östlich von unserem Standort errichtete Heinrich IV. die Harzburg gegen die aufständischen Sachsen. Später diente sie Kaiser Friedrich I. Barbarossa als Schutzburg gegen seinen Vetter Heinrich den Löwen, der in Braunschweig residierte. Doch von der Historie zurück zur Erdgeschichte. Im Langenberg sind die Schichten des Unt. und Mittl. Malm (Korallenoolith und Kimmeridge) an vielen Stellen aufgeschlossen. Zwei Aufschlüsse wollen wir uns genauer ansehen.

Steinbruch Oker

Am westlichen Ausläufer des Langenberges, unmittelbar am Stadtrand von Oker, liegt der große Steinbruch des Kalkwerks Oker (Adolph Willikens AG), dessen Gestein zu Bau-, Industrie- und Düngekalk verarbeitet wird.

Anfahrt: Von Goslar auf der B 6 in Richtung Bad Harzburg; in Oker links ab nach Harlingerode. Nach ca. 1,5 km erreicht man die große Zinkhütte Oker (Verhüttung der Zinkerze

aus dem Rammelsberg). Gegenüber, rechts der Straße, die hellen Steinbrüche des Kalkwerks. Die Erlaubnis zum Betreten des Steinbruchs ist bei der Betriebsleitung einzuholen. Der Steinbruch erschließt ein ca. 200 m mächtiges Malmprofil vom Unt. Korallenoolith des Oxford im Südteil des Bruches bis zum Ob. Kimmeridge, dem transgredierendes Unt. Hauterive (Unterkreide) diskordant aufliegt. Bearbeitet wurde das Vorkommen von PAPE (1970).

Für die mikropaläontologische Arbeit im Aufschluß benötigt man lediglich eine ausreichende Anzahl Probentüten, eine Spachtel zur Probenentnahme sowie Zollstock oder Bandmaß.

Die Schlämmproben werden den weicheren Tonmergeln entnommen. Mit dem Zollstock bestimmt man die Entnahmehöhe und vermerkt sie auf den Probentüten.

Die Schichten der subherzynen Mulde sind an ihrer Südflanke, am Nordrand des Harzes, durch die Heraushebung des variskischen Harzkernes steil aufgerichtet und teilweise sogar überkippt worden. Die Erosion hat die Malmschichten als langgestreckten Höhenzug freigelegt.

Ihre Gesteine bestehen aus mergeligem, dolomitischem und reinem Kalk. Im Korallenoolith überwiegen oolithische, im Kimmeridge feinkörnig-dichte Kalksteine. Die stratigraphischen Grenzen der Schichten konnten anhand des Faunenbestandes festgelegt werden (PAPE 1970). Er ist geprägt von Foraminiferen und Ostracoden. Beide Tierklassen besitzen den gleichen Lebensraum und dieselben Nahrungsquellen.

Der Lebensraum dieses Gebietes ist zur Zeit des Unt. und Mittl. Korallenoolith rein marin. Gegen Ende des Ob. Korallenoolith haben sich die ökologischen Bedingungen verändert. Das Überwiegen „sandschaliger" Foraminiferen (die ihr Gehäuse aus Fremdkörpern zusammensetzen) nach Arten- und Indi-

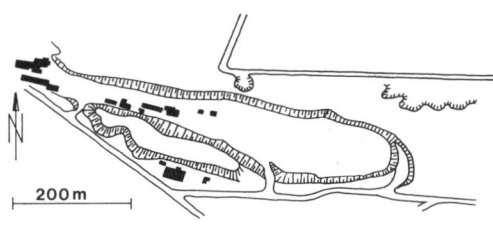

Abb. 10.2. Skizze des Stbr. des Kalkwerkes Oker am Westrand des Langenberges.

viduenzahl läßt auf Flachwasser mit geringerem Salzgehalt schließen: Untersuchungen an rezenten Foraminiferenfaunen konnten diesen Zusammenhang nachweisen. Ein weiterer wichtiger Indikator für Süßwasserzufluß in einem Deltabereich mit Brackwasser ist das Massenvorkommen von Characeen (Gyrogonites) (HILTERMANN & MÄDLER 1977) sowie der Rückgang mariner Fossilgruppen. Nach den Untersuchungen von PAPE (1970) und

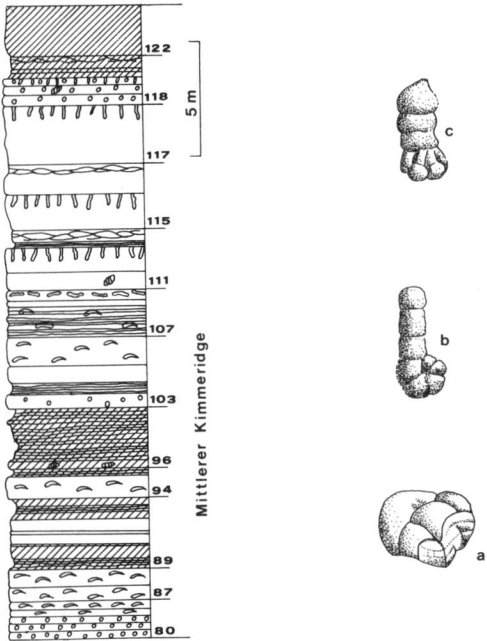

Abb. 10.3. Petrographisches Säulenprofil vom oberen Teil des Mittl. Kimmeridge im Stbr. Oker. Schichten: 122 Dolomitisierter Kalkstein; 118 Kalkstein mit Kalkooiden; 117 Kalkstein mit gangförmigen Bauten; 115 Grabgänge in Kalkstein; 111 Kalkstein mit Characeen; 107 Mergelstein mit Schalenresten; 103 Kalkstein mit Kalkooiden; 96 Dolomitisierter Mergel mit Characeen; 94 Kalkstein mit Schalenresten; 89 Dolomitisierter Mergel und Kalkstein; 87 Kalkstein mit Schalenresten; Kalkstein mit Kalkooiden (nach PAPE 1970). Rechts einige Foraminiferen aus dem Mittl. Kimmeridge: a Valvulina mit feinkörnig-kalkiger Oberfläche; b Ammobaculites (Sandschaler); c Haplophragmium (Sandschaler).

HUCKRIEDE (1967) gehört das Gebiet des Langenberges seit dem Unt. Kimmeridge zu einer Bucht des Niedersächsischen Beckens, die im Süden und Osten von einem Festland umschlossen wurde und von dort einen Süßwasserzufluß erhielt.

Unt. Korallenoolith (Mächtigkeit ca. 28 m):

In den Tonmergeln sind Leitforaminiferen der Arten *Lenticulina (Vaginulinopsis) pasquetae* (BIZON 1958) und *Citharina lepida* (SCHWAGER 1867) reichlich vorhanden, weiterhin Ostracoden *(Galliaecytheridea aff. wolburgi)*, Schnecken, Muscheln, Seelilien- und Seeigel-Fragmente. Die Mesofauna besteht aus Austernschalen, zahlreichen Echinodermenresten (Seeigel-Stacheln, Schlangenstern-Wirbel, Seestern-Ambulacralia) und Fischresten.

Mittl. Korallenoolith (Mächtigkeit ca. 55 m):

In den unteren Schichten Ooiddolomitstein mit Algen-„Knollen", sogenannten Onkoiden. Die Dolomitmergelsteinlage enthält Foraminiferen, Ostracoden, Schnecken, kleine Muscheln, Seeigel- und Seelilienreste.

Ob. Korallenoolith (Mächtigkeit ca. 11 m):

Mikrofossilien aus einer Dolomitmergelsteinlage: Foraminiferen: *Lenticulina sp.;* Ostracoden: *Acanthocythere (Unodentina) spinosa* (SCHMIDT 1955) als Leitform des Ob. Korallenoolith und *Cytheropteron (C.) decoratum* SCHMIDT 1954, in den oberen Lagen *Macrodentina (M.) lineata* MARTIN 1940. Mesofauna: Austernschalen, Schnecken-Steinkerne, Seeigel-Stacheln, kleinste Muscheln (Muschelbrut), Seestern-Ambulacralia, Schlangenstern-Wirbel, Seelilien-Stielglieder und Fischzähnchen.

Unt. Kimmeridge (Mächtigkeit ca. 13 m):

Die Schichten bestehen hauptsächlich aus Biomikrit, dessen größere Bestandteile Kleinschnecken, Muschel- und Brachiopodenschalen sind. In der feinkörnigen Grundmasse Anreicherungen von Ostracoden und Foraminiferen. Foraminiferen: *Eoguttulina sp., Trochammina sp.;* artenreiche Ostracodenfauna: *Macrodentina (M.) lineata* MARTIN 1940 und *Cytheropteron (C.) decoratum* SCHMIDT 1954. Letzterer tritt erstmals im Unt. Kimmeridge auf. Mesofauna: Viele Schnecken-Steinkerne, Mu-

112

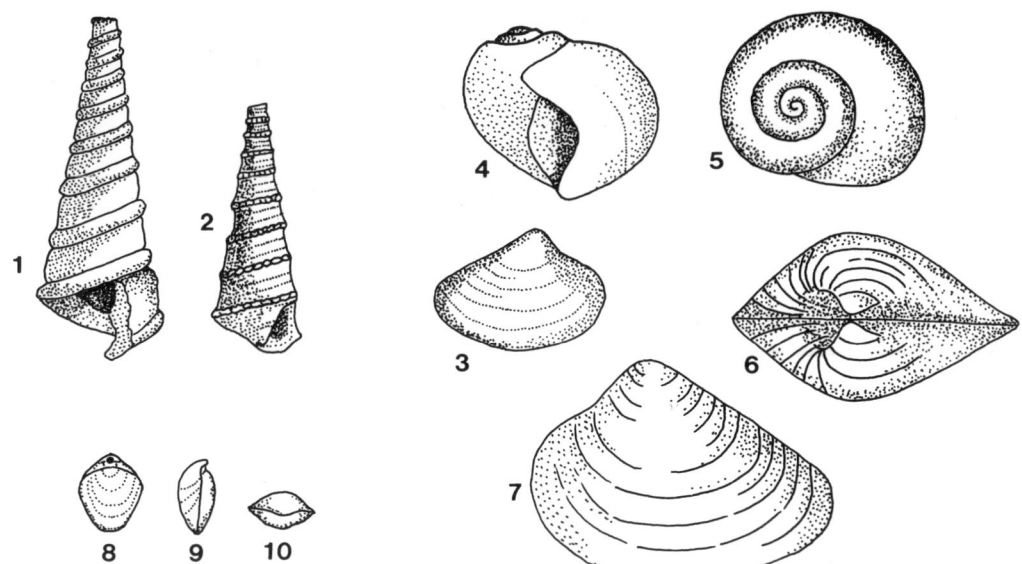

Abb. 10.4. Fossilien aus Korallenoolith und Kimmeridge: 1 *Nerinea visurgis* ROEMER, Steinkern, 8,4 cm (Korallenoolith); 2 dito in Schalenerhaltung, 11,4 cm; 3 *Eocallista nuculaeformis* (ROEMER), 3 cm (Kimmeridge); 4 *Ampullina* (früher *Natica*) *globosa* (ROEMER), 6 cm (Kimmeridge); 5 dito in Draufsicht; 6 *Eocallista brongniarti* (ROEMER), Dorsalansicht, 9 cm (Kimmeridge); 7 dito, linke Klappe; 8–10 *Zeilleria humeralis* (ROEMER), 12 mm (Korallenoolith – Kimmeridge).

scheln, Seestern-Ambulacralia und Fischreste sowie Gyrogonites von Charophyten (Anzeiger für Brackwasser oder aus dem Süßwasser eingeschwemmt; Abb. 10.6).

Mittl. Kimmeridge (Mächtigkeit ca. 44 m)

Mikrofossilien aus der Mergelsteinschicht (Abb. 10.3):

Foraminiferen: Sandschaler der Gattungen *Ammobaculites, Haplophragmium, Pseudocyclammina, Cyclammina* und *Valvulina meentzeni* KLINGLER 1955, die besonders im „*Valvulina*-Horizont" des Unt. Mittelkimmeridge häufig vorkommt (Abb. 10.3/a–c).

Ostracoden: *Macrodentina (P.) steghausi* (KLING-

LER 1955), *Macrodentina (M.) lineata* MARTIN 1940, *Cytheropteron (C.) decoratum* SCHMIDT 1954, *Cytheropteron (C.) purum* SCHMIDT 1954, *Cytheropteron (C.) bispinosum bispinosum* SCHMIDT 1954, *Cytherelloidea weberi* STEGHAUS 1951, *Exophthalmocythere fuhrbergensis* STEGHAUS 1951 (Leitform).

Mesofauna: Muschelschalen, Brachiopoden, Schnecken-Steinkerne, Seeigel-Stacheln und -Reste, Schlangenstern-Wirbel, Fischreste, Serpelröhren, Gyrogonites und Kotpillen *Coprulus sp.*

Makrofauna: *Ampullina* (früher *Natica*) *globosa* (ROEMER) und *Nerinea tuberculosa* (Abb. 10.4).

Ob. Kimmeridge (Mächtigkeit ca. 37 m):

Unterschiedliche Mächtigkeit durch Diskordanz der aufliegenden sandigen Kalksteinfolge des Unt. Hauterive (Unterkreide). In der Basisschicht massenhaft Characeenreste (Characeenkalkstein) (Abb. 10.6).

Mikrofossilien: Schnecken, Gyrogonites von Characeen.

Ostracoden: *Macrodentina (M.) perforata* KLINGLER 1955, cf. *Scabriculocypris goerlichi* KLINGLER 1955, *Galliaecytheridea wolburgi minuta* (SCHMIDT 1955), cf. *Fabanella prima* MARTIN 1961 und *Klieana alata* MARTIN 1940.

Steinbruch 2

Anfahrt: Von Göttingerode (E Oker) in Richtung Harlingerode; auf der Höhe des Langenbergs folgen wir einem Fußweg nach Osten, bis wir in den aufgelassenen Steinbruch hineinschauen können (siehe Karte S. 110). Der Aufschluß ist leicht zugänglich und zeigt interessante Lagerungsverhältnisse.

An der steilen Südwand des Bruches stehen überkippte, invers gelagerte Kalke des Kimmeridge an, die mit 50° nach S, in Richtung des Harzes, einfallen.

Das Ob. Kimmeridge am Fuß des Steinbruchs

Abb. 10.5. Profil des Stbr. II am Langenberg: 1 Hangschutt; 2 Santon; 3 konglomeratischer Kalkstein; 4 gelber Dolomit; 5 Kalkstein und Mergelkalk; 6 konglomeratischer Kalkstein; 7 Kalkstein und Mergelkalk; 8 Mittl. Kimmeridge; 9 Ob. Kimmeridge; 10 Kalkstein mit Kalkooiden; 11 Mergel; 12 Mergelkalk (nach REINSCH 1976).

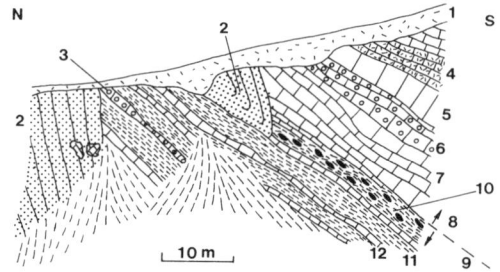

Abb. 10.6. Die Mehrzahl der Algen besitzt keine erhaltungsfähigen Teile. Eine Ausnahme sind die zu den Armleuchtergewächsen (Armleuchteralgen) gehörenden Charophyten, die äußerlich dem Ackerschachtelhalm ähneln; um einen Stiel sind Äste quirlständig angeordnet. Charophyten sind seit der Trias verbreitet und leben im Süß- und Brackwasser bis zu einer Tiefe von 6 m. Fossil bedeutend sind hauptsächlich ihre Oogonien, die durch massenhaftes Auftreten gesteinsbildend wirken können. Oogonien sind die bis 1 mm großen Eizellen der Algen, die auf den Knoten der Sproßachsen gebildet werden; sie sind von einer spiralig gewundenen Hülle umgeben. Für die Befruchtung der Oogonien sorgen die in den sog. Antheridien enthaltenen Spermatozoiden. Oogonien überstehen extreme Bedingungen wie Austrocknung und Frost. Die Masse der fossilen Charafrüchte weist fünf glatte Spiralbänder auf; sie heißen Gyrogonites LAMARCK. Als Anzeiger bestimmter paläkologischer Verhältnisse spielen die Oogonien eine wichtige Rolle. Ihr stratigraphischer Wert liegt u. a. darin, daß sie durch Flußtransport in Flachmeerablagerungen gelangten, wie es z. B. für die Sedimente des Malm am Langenberg angenommen wird. 1 Teil eines Haupttriebes von *Chara fragilis;* 2 Seitenachsen; 3 Oogonium (Eizelle); 4 Hüllenschläuche; 5 „Krönchen"; 6–9 Oogonien von Charophyten aus den holozänen Sinterkalken von Bad Laer (nach HILTERMANN & MÄDLER 1977): 6 Oogonium von *Chara cf. foetida* in Seitenansicht; 7 dito in Draufsicht; 8 Oogonium von *Lychnothammus barbatus* (MEYEN); 9 dito in Draufsicht.

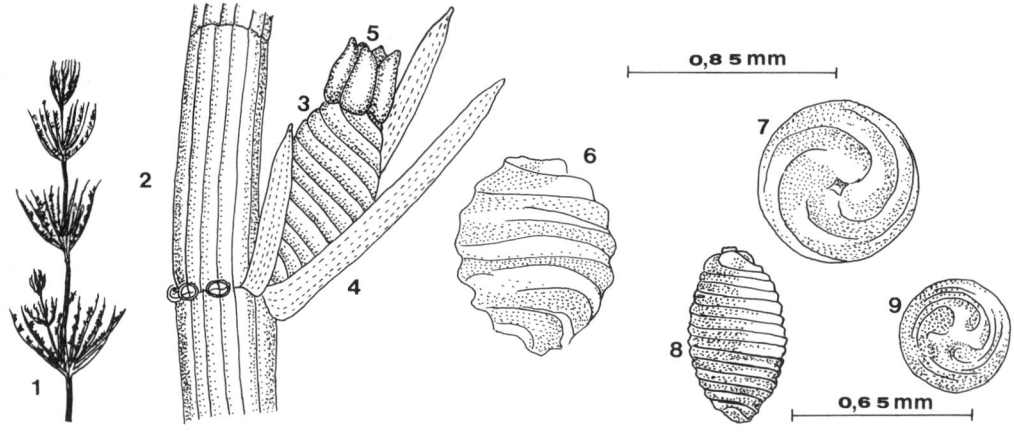

ist nicht zugänglich. Aufgeschlossen ist erst das Mittl. und das Unt. Kimmeridge. An der senkrechten Steinbruchwand im Norden steht steilgestelltes Transgressionskonglomerat des Ob. Mittelsanton an (Abb. 10.5). Unter dem Konglomerat, auf der Diskordanzfläche, zeigt der Kimmeridge-Kalk zahlreiche, von Bohrmuscheln erzeugte Löcher. Die Konglomerate bilden keine zusammenhängende Schicht, sondern schmale Keile zwischen den Schichten des Kimmeridge. Das grobe Brandungskonglomerat besteht aus mehr oder weniger gerundeten Geröllen von Kimmeridge-Kalk und zahlreichen eisenhaltigen Geoden vom Alter des Salzgitter-Erzes (Neokom/Unterkreide-Erz, siehe Kap. 8) mit den typischen Fragmenten von Jura-Ammoniten und Hilssandstein. Die Diskordanz ist auf tektonische Bewegungen während der subherzynen Faltungsphase zurückzuführen.

An Fossilien können neben den erwähnten Geröllen mit Fragmenten von Jura-Ammoniten noch Schnecken und Muscheln gesammelt werden. Als Leitfossil finden wir im festen Kalkstein die Schnecke *Harpagodes oceani* (BRONGNIART). Die Fossilien sitzen so fest im Gestein, daß die fingerartigen Fortsätze der Außenlippe leider fast immer verlorengehen

Abb. 10.7. *Harpagodes oceani* (BRONGNIART), früher *Pteroceras oceani*, lebte vermutlich auf Sand- oder Kalkschlammboden und ernährte sich von Algen und Pflanzenteilen. Sie ist großwüchsig und dickschalig und besitzt ein kurzes, kegelförmiges Gewinde; der letzte Umgang ist sehr groß. Die Spindel weist einen langen, nach links gekrümmten Fortsatz auf, das Rostrum. Die Oberfläche des Schneckengehäuses ist mit Spiralstreifen und breiten Leisten skulpturiert, die am Außenrand in lange, hohle Fortsätze auslaufen. Die Gattung *Harpagodes* GILL 1869 lebte vom Dogger (Bathon) bis zum Cenoman in der Oberkreide. *H. oceani* wurde schon von FRAAS (1910) als gutes Leitfossil im obersten Weißen Jura von Hannover bezeichnet.

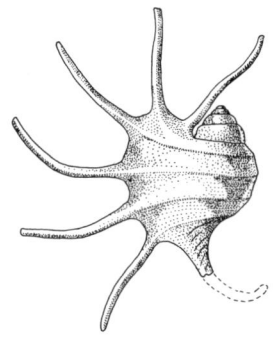

(Abb. 10.7). Außerdem sind auf den Schichtflächen viele kleine Muscheln und winzige Turmschnecken zu finden (Abb. 10.4).

Literatur

HILTERMANN, H., MÄDLER, K. (1977): Charophyten als palökologische Indikatoren und ihr Vorkommen in den Sinterkalken von Bad Laer. Paläont. Z. 51, 135−144 (mit weiterer Literatur)

HUCKRIEDE, R. (1967): Molluskenfauna mit limnischen und brackischen Elementen aus Jura, Serpulit und Wealden NW-Deutschlands und ihre paläogeographische Bedeutung. Beih. Geol. Jb. 67, 1−263

KOLBE, H., PILGER, A., RÖSLER, A. (1981): Erläuterungen zu einer Exkursion am nördlichen Harzrand bei Oker und im südlichen Salzgitterer Sattel. Clausthaler Geol. Abh. 41, 135−168

LOTZE, F. (1968): Zum Jura des Langenberges zwischen Oker und Bad Harzburg (nördl. Harzrand). N. Jb. Geol. Paläont. Monatsh. 1968, H. 12, 730−732

MÄDLER, K. (1953): Charophyten aus dem Nordwestdeutschen Kimmeridge. Geol. Jb. 67, 1−46

PAPE, H. (1970): Die Malmschichtfolge vom Langenberg bei Oker (nördl. Harzvorland). Mitt. Geol. Inst. TU Hannover 9, 41−134

PILGER, A., RÖSLER, A. (1981): Stratigraphie und Tektonik des Mesozoikums im nördlichen Harzvorland, östlicher Bereich. Exkursion E 6, 133. Hauptverslg. Dt. Geol. Ges. Clausthal, 1−7

11 Krebsfossilien aus dem Valangin von Sachsenhagen

Die Tongrube des Klinkerwerkes Sachsenhagen, geologisch an der Nordflanke der Petershagener-Schaumburg-Lipper Neokom-Mulde gelegen, ist seit vielen Jahren für Krebse und andere, teilweise massenhaft vorkommende Fossilien des Valangin (Unterkreide) bekannt. Sie finden sich dementsprechend in zahlreichen öffentlichen und privaten Sammlungen.

Anfahrt: Sachsenhagen liegt ca. 6 km S des Steinhuder Meeres. Von der A 2 Hannover–Köln, Ausfahrt Bad Nenndorf, über die B 65 in Richtung Stadthagen, die man bei Beckedorf nach Norden verläßt; oder von Wunstorf auf der B 441 Richtung Bad Rehburg, ca. 1 km hinter Hagenburg (am Steinhuder Meer) links abbiegen. Die Grube liegt am westlichen Ortsrand. Die Erlaubnis zum Betreten der Grube und zum Sammeln holt man sich bei der Betriebsleitung oder beim Betriebsmeister.

Geologie und Biostratigraphie

Das Profil erschließt ca. 20 m dunkelgraue bis schwarze, bituminöse Tonsteine mit lagigen Anreicherungen von Toneisensteinen; es reicht stratigraphisch vom höchsten Berrias („Deutscher Wealden") bis zum tiefen Untervalangin (*Platylenticeras*-Schichten) mit der *robustum*- und *heteropleurum*-Zone (Abb. 11.7). Valangin steht für die alte Bezeichnung „Valendis". Die Schichten des Valangin, die mit ca. 8° nach Süden einfallen, sind marine Ablagerungen, in denen die stratigraphischen Grenzen durch Ammoniten (Zonenfossilien) festgelegt sind. Die Grenze Berrias/Valangin wird durch das erste Auftreten der Ammonitengattungen *Platylenticeras* und *Pseudogarnieria* definiert, die Hangendgrenze zum Hauterive mit dem Einsetzen von *Endemoceras amblygonium* (NEUMAYR & UHLIG). Diesen

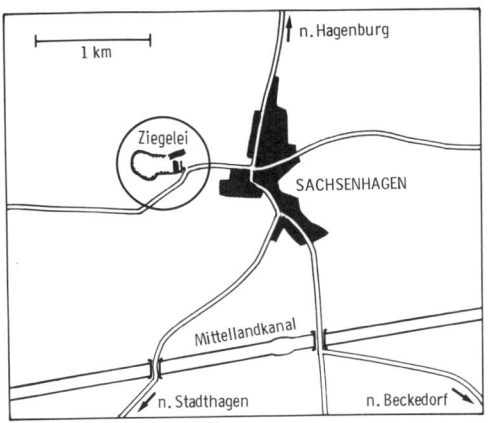

Gliederung der Unterkreide.

Unter-kreide	ob.	Alb	Gault	
		Apt		
	mittl.	Barrême	Neokom	
	unt.	Hauterive		
		Valangin		
		Berrias		

Lebensraum beherrschen zwei Ammoniten-gruppen: die borealen Arten (Polyptychitinae) und die durch Ingressionen (langsame Meeresvorstöße) aus dem Süden kommenden Tethys-Ammoniten, z. B. *Acanthodiscus*. Von den berippten *Polyptychites*-Vorfahren läuft die stammesgeschichtliche Entwicklung zu den diskusförmigen *Platylenticeras*-Arten (früher „*Garnieria*").

Die erste Fossilbeschreibung stammt von HARBORT (1905); sie berücksichtigt die Cephalopodenfauna nicht und ist taxonomisch nicht mehr aktuell. KEMPER (1961) hat die Ammonitenfauna bearbeitet. Aufgrund der Faunengemeinschaften und der Sedimentfolgen konnte KEMPER (1975) das Profil in fünf ökologische Abschnitte gliedern (Abschnitte A bis E, Abb. 11.7):

Abschnitt A: Dieser unterste Abschnitt zählt zu den Osterwald-Schichten (Bückeberg-Formation) des Berrias. Die Osterwald-Schichten sind ein Brackwassersediment mit einer typischen „Neokom-Fauna", die auch noch nach

Biostratigraphische Gliederung des Valangin (Unterkreide) mit Zonenammoniten.

Valangin	Obervalangin	„Astierien-Schichten" *Dicostella pitrei* *Dichotomites bidichotomus* *Dichotomites triptychoides* *Dichotomites crassus* *D. (Prodichot.) polytomus* *D. (Prodichot.) hollwedensis*
	Untervalangin	*Polyptychites sphaeroidalis* *Polyptychites clarkei* *Polyptychites multicostatus* *Polyptychites euomphalus* *Platylenticeras involutum* *Platylenticeras heteropleurum* *Platylenticeras robustum*

dem langsamen Ansteigen des Meeres (Ingression) den Hauptteil der Fossilien in den Bänken der Mischfauna stellt. Vermutlich wurde in den langen Zeiträumen, in denen der Salzgehalt des Meeres schwankte, nicht die marine Salinität erreicht; denn eine vollmarine Fauna fehlt in diesen Bänken. In den Brackwasser-Ablagerungen kommen *Corbula* und „Pseudo-Cyrenen" massenhaft vor, in manchen Lagen als einzige Art (Monotyp). Weitere, zum Teil sehr häufige Fossilien sind *Putilla (?) roemeri*, *Metacerithium (?) bicarinatum* und *M. (?) strombiforme*. *Metacerithium (?)* ist in älteren Arbeiten als *Glauconia (Pseudoglauconia)* aufgeführt. Die Mikrofauna ist nur schwach entwickelt, wichtig ist hier die Sandschaler-Foraminifere *Sternbergella bentheimensis*.

Abschnitt B: Damit beginnen die Mischfaunen-Bänke (nach KEMPER 1961) mit der Grenzschicht zwischen den Osterwald- und *Platylenticeras*-Schichten. Die Mischfauna enthält noch viele Arten der Brackwasserfauna der Osterwald-Schichten sowie neue Faunenelemente *(Platylenticeras)*. Sie ist insgesamt artenreicher, da hier auch Fossilien auftreten, deren Verbreitung unabhängig vom Salzgehalt (Salinität) des Meerwassers ist. Solche euryhalinen Arten sind *Cucullaea texta* und *Ostrea germaini* sowie die Gattungen *Leda*, *Nucula*, *Panopea*, *Siliqua* und *Pecten*.

Abschnitt C: Seine Fauna trägt ausgeprägtere marine Merkmale. Neben den im Abschnitt B genannten Arten erscheinen hier zusätzlich *Serpula sp. sp.*, *Exogyra spiralis*, *Pinna robinaldina*, „*Isocardia*", der für den Sammler besonders interessante Zehnfüßerkrebs *Mecochirus rapax* (früher *Meyeria rapax*) sowie Echiniden-Reste. Austern (Ostreen) kommen gehäuft vor.

Abschnitt D umfaßt den Bereich der oberen Mischfaunen-Bänke, der fossilreichsten Lagen des Profils. Sie gleichen in ihren Faunenbeständen denen der unteren Mischfaunen-

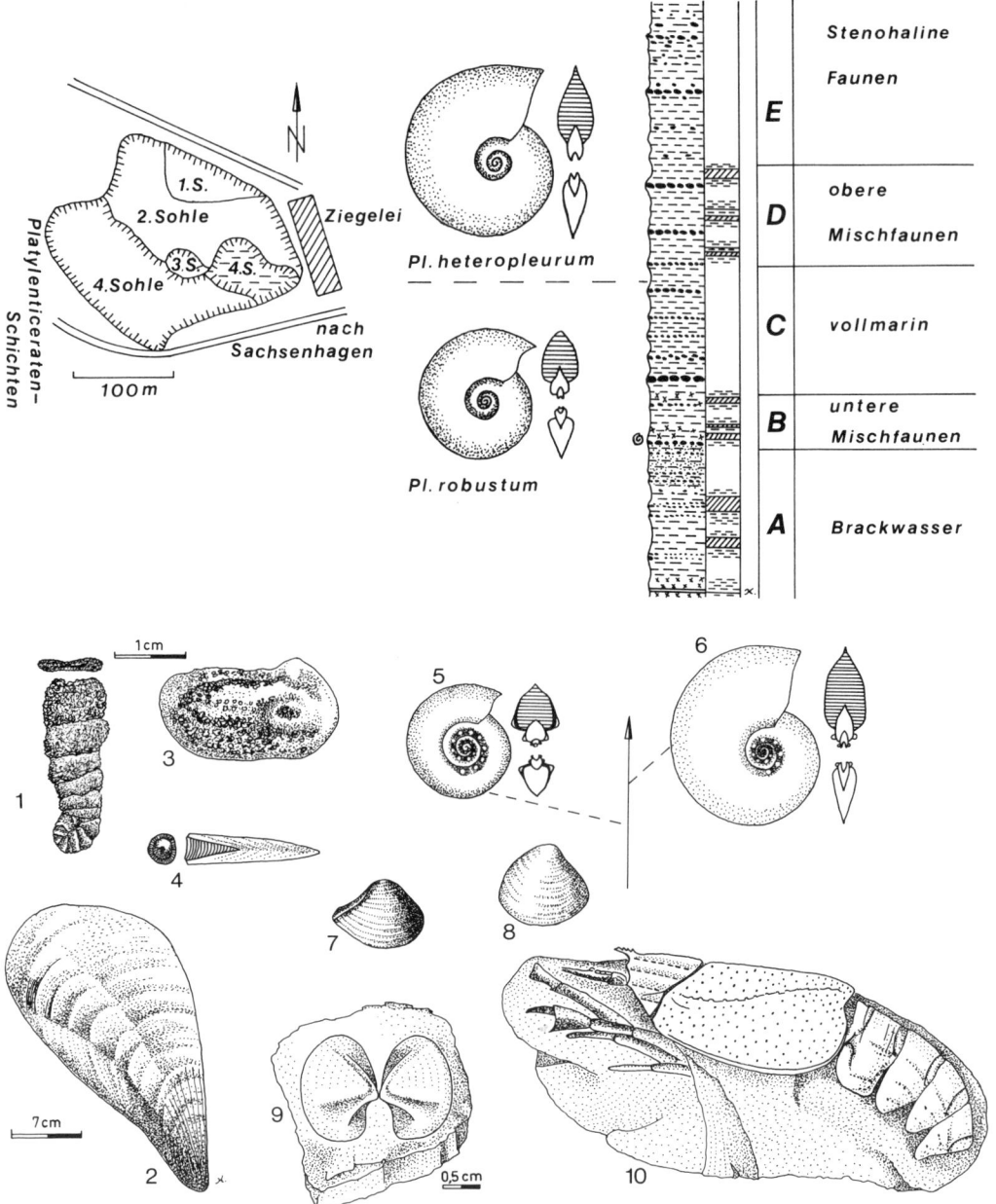

1. S.
2. Sohle
3. S.
4. S.
4. Sohle

Ziegelei

N

Platylenticeraten-Schichten

nach
Sachsenhagen

100 m

Pl. heteropleurum

Pl. robustum

E — Stenohaline Faunen

D — obere Mischfaunen

C — vollmarin

B — untere Mischfaunen

A — Brackwasser

1 cm

7 cm

0,5 cm

Bänke (Abb. 11.7). Es dominiert die in Massen auftretende „Pseudocyrena". Die Schalen von *Corbula,* die zur Monotypie tendiert, sind in „Nestern" (Akkumulaten) angereichert, zwischen denen sich Akkumulate von *Lingula sp.* und *Lingula subovalis* DAVIDS befinden. In diesem Abschnitt sind aber auch euryhaline Faunenelemente enthalten, z. B. zahlreiche Ammoniten der Gattung *Platylenticeras.*

Abschnitt E: Den obersten Abschnitt bildet die höhere *heteropleurum*-Zone mit einer typischen, stenohalinen, d. h. von der Salinität abhängigen Fauna. *Mecochirus rapax* kommt in diesem Bereich häufig vor, ebenso die große Muschel *Thracia phillipsi; Exogyra couloni*

(in Massen), *Thetironia schaumburgensis, Lima subrigida, Serpula sp. sp., Pinna sp.* und *Pentacrinus neocomiensis.* Bei den Ammoniten überwiegen die Arten von *Platylenticeras;* vertreten sind auch *Polyptychites, Euryptychites, Neocraspedites* und *Paratollia.* Hier wie in allen anderen Lagen des Profils sind die Ammoniten in der Regel schlecht erhalten und zerdrückt.

Bei den Ostracoden, die häufig ganze Schichtflächen bedecken und nicht einmal geschlämmt werden müssen (Abb. 11.5 T), sind *Valendocytherea pseudopropria pseudopropria* und *V. saxonica* vorherrschend. In den Zeitraum dieses Abschnittes fällt die rasche Evolution der Ammonitenreihe *Platylenticeras* (siehe KEMPER 1961).

Ein bemerkenswerter Fossilfund aus dem Valangin von Sachsenhagen ist der Schädel eines Krokodiliers (1916 entdeckt und geborgen), als *Enaliosuchus schroederi* KUHN beschrieben. Er war lange Zeit verschollen und befindet sich heute im Museum der Stadt Minden.

Fossilien des Unt. Valangin von Sachsenhagen

Foraminiferida
Ammobaculites sp., Citharina sp., Haplophragmoides cushmani, Lenticulina sp., Sternbergella bentheimensis

Gastropoda
Actaeon sp., Cerithium sp., Natica sp., N. laevigata, Paraglauconia rugosa, P. strombiformis (Metacerithium ?), Viviparus roemeri

Bivalvia
Anomia laevigata, A. pseudoradiata ORBIGNY, *Astarte sp., Avicula sp., A. vulgaris* HARBORT, *Camptonectes cinctus* (SOWERBY), *Cucullaea texta* ROEMER, *Cyrena („Pseudo-Cyrena"), Corbula angulata* (PHILLIPS), *C. alata* SOWERBY, *C. sublaevis* ROEMER, *Aetostreon latissimum* (LAMARCK) (syn. *Exogyra couloni* DEFRANCE), *Exogyra sp.* (auch Brut), *E. spiralis* GOLDFUSS, *Inoceramus sp., Leda scapha* ORBIGNY, *Modiola rugosa* ROEMER, *M. striatocostata* ORBIGNY, *M. aequalis* SOWERBY, *Nucula sp., Neomiodon latoovata* (ROEMER) (früher *Cyrena), Nippononaia sp., Panopaea neocomiensis*

119

LEYMERIE, *Pecten sp.* (diverse Spezies), *P. orbicularis* SOWERBY, *P. striatopunctatus* ROEMER, *Pinna robinaldina* ORBIGNY, *P. iburgensis* WEERTH, *P. sp., Putilla (?) roemeri* DUNKER, *Ptychogyra canalifera* HARBORT, *Plagiostoma planicostum* (HARBORT), *Siliqua aequilatera* HARBORT, *Solecurtus sp., Thetironia schaumburgensis* HARBORT, *Th. sp., Thracia phillipsi* ROEMER (bis 10 cm groß), *Tellina sp., Venilicardia aff. brongniarti* (syn. *Cyprina*)

Vermes
Serpula antiquata SOWERBY, *S. quinqueangulata* ROEMER, Wurmgrabgänge

Ammonoidea
Platylenticeras heteropleurum heteropleurum (NEUMAYR & UHLIG), *P. (P.) oxyconum oxyconum, P. (Tolypeceras) denticulatum* (KOENEN), *P. (T.) cf. fragile* (KOENEN), *P. (T.) marcousianum cf. grande* (KOENEN), *P. (T.) undulatum* (KOENEN), *P. (T.) marcousianum cuneiforme* (KOENEN), *P. (T.) costellatum nodulosum* (KOENEN), *P. (T.) costellatum costellatum* (KOENEN), *P. (T.) coronatum cf. concinnum, P. isterbergense, P.* diverse juvenile Spezies, *P. latum latum* KOENEN, *P. l. varionodum* KOENEN, *P. l. dispar* KOENEN, *P. robustum robustum* (KOENEN), *P. r. pauciornatum, p. heteropleurum occidentale* (SAYN), *Polyptychites (Euryptychites ?) sp., Neocraspedites sp., Paratollia sp.*

Belemnitida
Acroteuthis cf. explanatoides (PAVLOW)

Crustacea
Mecochirus rapax (HARBORT) (syn. *Meyeria*), Teile von *Archaeolepas decora* HARBORT; Ostracoda: *Protocythere pseudopropria* BARTENSTEIN & BRAND, *Haplocytheridea nana* (TRIEBEL), *H. cf. thoerenensis* (TRIEBEL), *Dolocytheridea hilseana* (ROEMER), *Exophthalmocythere sp.* (sehr häufig), *Orthonotacythere sp., Paracypris sp., Valendocythere pseudopropria, V. p. saxonica*

Brachiopoda
Lingula sp., L. subovalis DAVIDS

Crinoidea
Pentacrinus neocomiensis DESOR (als Echinodermenbrekzie)

Echinoidea
Rhabdocidaris sp.

Vertebrata
Enaliosuchus schroederi KUHN (Krokodilier), Fischreste

Sonstiges
Bioturbationen, Holzreste, Ophiuroideenreste

Literatur

HARBORT, E. (1905): Die Fauna der Schaumburg-Lippeschen Kreidemulde. Abh. Kgl. Preuß. Geol. Landesanstalt N.F. 45, 112

KEMPER, E. (1961): Die Ammonitengattung Platylenticeras (= Garnieria). Beih. Geol. Jb. 47, 195

– (1975): Biostratigraphie, Palökologie und Sedimentologie der Unterkreide im Raum Hannover und Schaumburg-Lippe. Exkursion C 45, Jahresverslg. Paläontolog. Ges. Hannover, 1–40

– (1976): Geologischer Führer durch die Grafschaft Bentheim und die angrenzenden Gebiete mit einem Abriß der emsländischen Unterkreide. Nordhorn/Bentheim

SEITZ, O. (1950): Über die Gliederung des Ober- und Mittel-Valendis in Nordwestdeutschland. Z. Dt. Geol. Ges. 101, 137–145

SICKENBERG, O. (1961): Das wiedergefundene Typus-Exemplar vom Meereskrokodil aus Sachsenhagen. Ber. Naturhist. Ges. Hannover 105, 5–6

12 Durch Salzstöcke geprägte Landschaft

Bildung von Salzlagerstätten

Salzlager sind Eindampfungs-Sedimente, oder, wie der Geologe sagt, Evaporite. Die wichtigsten Salze in Norddeutschland entstanden zur Zechsteinzeit durch Verdunstung von Meerwasser. Die Ausscheidung der im Meerwasser gelösten Salze erfolgt nach ihrer Löslichkeit. Zuerst werden die schwerer löslichen Salze ausgeschieden, dann die leichter löslichen: Anhydrit, Gips, Steinsalz, Kalium- und Magnesium-Salze.

Meerwasser enthält ca. 3,5 % gelöste Salze aus sechs Hauptelementen, daneben noch 70 andere Elemente in sehr geringen Mengen. Damit diese Salzlösung konzentrierter wird und die Minerale schließlich sich absetzen können, muß nach der Barrentheorie das Meeresbecken durch Schwellen und Meerengen vom offenen Ozean abgeschnitten sein; ein warmes Klima muß für ausreichende Wasserverdunstung sorgen, das verdunstete Wasser darf nur mäßig durch Zufluß vom Meer ersetzt werden (Abb. 12.6). Durch diesen allmählich verlaufenden Vorgang der Eindamp-

Abb. 12.6. Die Konzentrierung von Meerwasser bis zur Evaporitbildung in Becken, die weitgehend vom offenen Ozean abgeschnitten sind (aus HERRMANN 1981).

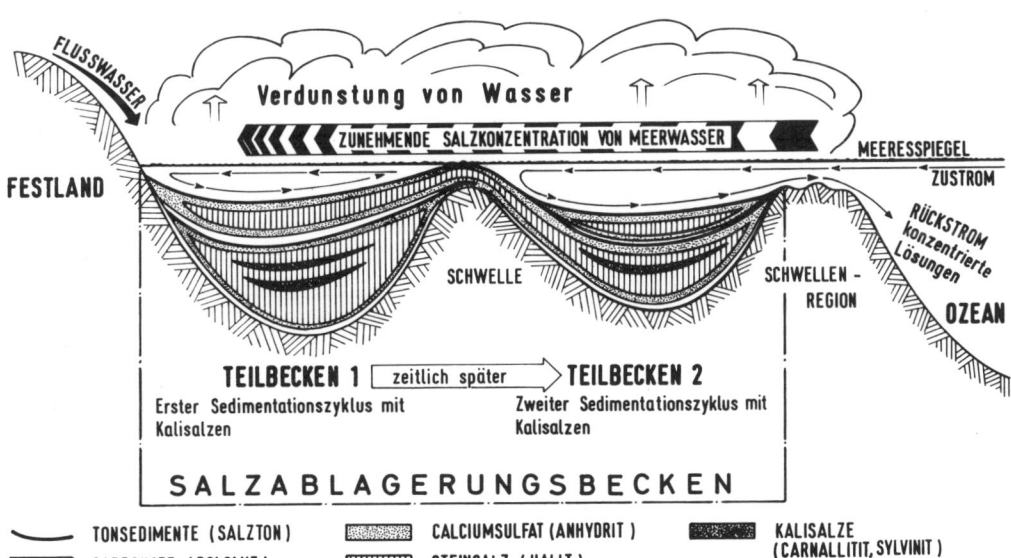

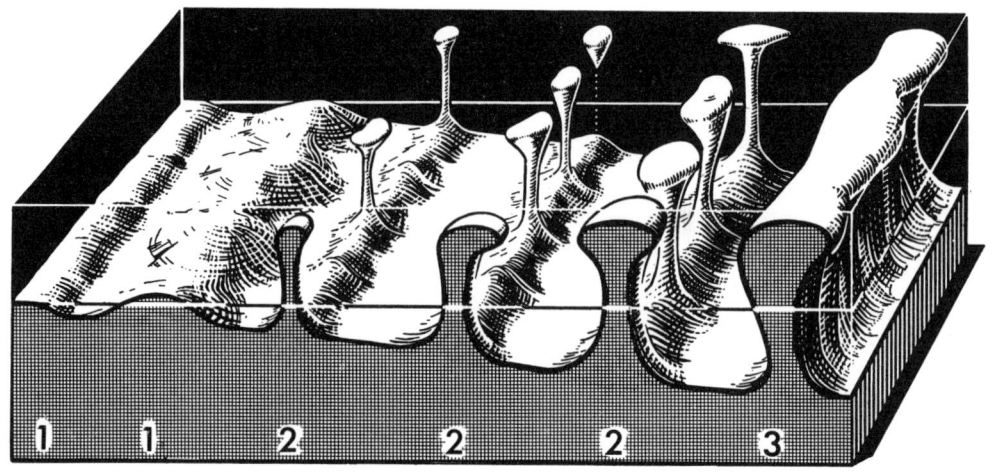

Fortschreitende Entwicklung der Salzstrukturen

Abb. 12.7. Schematische Darstellung der Entwicklung verschiedener Salzstrukturen aus den Perm-Evaporiten in Norddeutschland. Die in halber Höhe des Blockbildes verlaufende horizontale Linie markiert die Mächtigkeit der ursprünglich flach gelagerten Evaporite. 1 Salzkissen; 2 und 3 Diapirstrukturen: 2 Salzstöcke; 3 Salzmauern. (Nach Trusheim 1975 mit einigen Ergänzungen aus Herrmann 1981.)

fung und Bildung neuer Evaporite entstanden die mächtigen Ablagerungen des Zechsteins. Diese Voraussetzungen waren im „Germanischen Becken" gegeben. Es hatte sich zur Zeit des Perm gebildet. Ein warmes Klima sorgte für Verdunstung, es entstanden konzentrierte Salzlaugen; schließlich war die Lösung gesättigt, so daß es zur Ausfällung der Evaporite in der genannten Reihenfolge kam. Nach neuen Arbeiten (Käding 1978) hat sich die Bildung von Evaporiten im Zechstein sechsmal wiederholt, wobei sich das Zentrum des Zechsteinbeckens von Süden nach Norden verlagerte.

Tafel 11
Abb. 9.2. *Arca subovalis*, Pyritkern mit Schalenfragmenten; 1,6 cm lang. Die hellen Flecken zeigen den beginnenden Zerfall an.
Abb. 9.3. Die Zerstörung der schönen Pyritfossilien läßt sich durch Eingießen in Polyesterharz aufhalten. Breite des Blocks 12 cm.
Abb. 9.4. *Nuculana sp.* („*Leda*"), kleinwüchsige Muschel mit lang ausgezogenem Hinterende. Links: Pyritkern; rechts: Pyritkern mit Schalenerhaltung. Ob. Bathon, Lechstedt; Länge 0,8 cm.
Abb. 9.5. Fauna des Ob. Bathon von Lechstedt. Die Pyritkerne weisen Anzeichen für den unabänderlichen Zerfall auf. Größe des Brachiopoden *Rhynchonelloidella alemanica* (rechts unten) 1,4 cm.
Abb. 9.6. Lose aufgesammelte und später als zusammengehörig erkannte Schalenbruchstücke der schizodonten Muschel *Trigonia triangulare*. Roemer (1911) nannte sie „*Trigonia germanica*".
Abb. 9.7. Durch Zersetzung von Markasit entstandener Kristallfilz aus Melanterit. Die Schwämme und Seeigel aus Höver und Misburg (Kap. 18) blühen ähnlich aus; die Pyritkerne von Lechstedt bilden feinkörnige, weiße Krusten. Bildbreite 10 mm.

Der Sarstedt-Lehrter Salzstock

Salz hat ein geringeres spezifisches Gewicht als das Deckgebirge und daher die Tendenz, in geologischen Zeiträumen nach oben zu dringen. Man nennt diese Bewegung Halokinese.

Halokinetische Vorgänge haben im Bereich des Sarstedt-Lehrter Salzstockes (Diapir) viele mesozoische Schichten aus der Tiefe hervorgehoben (Abb. 16.7). Der Salzstock – einer von ca. 200 in Norddeutschland – umfaßt das Gebiet Sarstedt-Sehnde-Lehrte bis zu dem angrenzenden Diapir von Häningsen-Wathlingen und streicht rheinisch, d. h. von NNE nach SSW. Als Folge von Salzauslaugungen ist das Gelände als langgestreckte Senke ausgebildet. An ihren Flanken streichen an mehreren Stellen mesozoische Schichten aus, besonders die härteren wie der Muschelkalk. Die Bauindustrie schuf hier für ihre Rohstoffgewinnung im Laufe der Zeit zahlreiche Aufschlüsse. Einige seien hier aufgezählt: Zgl. Moorberg bei Sarstedt mit Hauterive und Barrême; Grube (aufgelassen) der Zgl. Gretenberg (NW Sehnde) mit Lias, Dogger und Wealden (Berrias); Zgl. Stoevesandt (1 km N Sehnde, in der Nähe der Schachtanlage des Kalibergbaues Friedrichshall) mit Lias und Wealden; Grube (aufgelassen) der Zgl. Stoevesandt in Lehrte mit Tertiär (Oligozän) in muldenförmiger Lagerung (enthält Muscheln, Krabben und Haifischzähne); auf Buntsandstein transgredierendes Maastricht als Lesesteine auf den Feldern bei Ilten (siehe Kap. 19); Tongrube der Zgl. Gott (NW Sarstedt) mit Barrême, Apt und Alb.

Zwei dieser Aufschlüsse, die Ziegeleigruben Moorberg und Gott, sind unsere nächsten Exkursionsziele.

Tongrube Moorberg

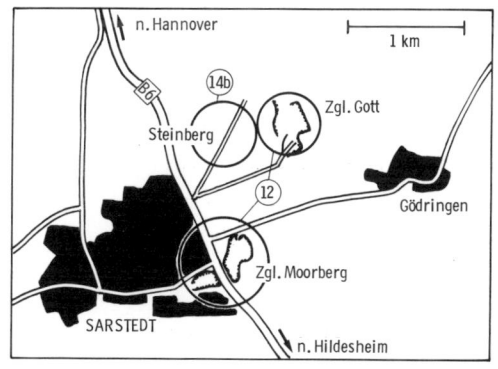

Anfahrt: Die Ziegelei Moorberg liegt in Sarstedt unmittelbar neben der B 6 (Hildesheim −Hannover). Ihr hoher Schornstein mit der Aufschrift „Moorberg" ist schon von weitem zu sehen. Genehmigung zum Betreten der Grube und zum Sammeln möglichst schon einige Tage vorher einholen (Ludwig Kedenburg OHG, 3203 Sarstedt).

Stratigraphie und Fossilien

Die Tongrube ist ein geradezu „klassischer" Aufschluß – er wurde bereits 1906 von STOLLEY bearbeitet – der Unterkreide. Sie befindet sich an der Westflanke des Sarstedt-Lehrter Salzstockes; die Schichten fallen steil mit ca. 60° nach NW ein. Erschlossen ist ein umfangreiches Jura- und Unterkreide-Profil: Dem Dogger beta (ca. 25 m) liegt diskordant Unt. Hauterive mit einem Trümmererz-Horizont auf; es folgen Ob. Hauterive und Barrême. Große Teile des Dogger, der ganze Malm und von der Unt. Kreide Wealden und Valangin fehlen. Sie wurden nicht sedimentiert oder sind wieder abgetragen worden. Die Schicht-

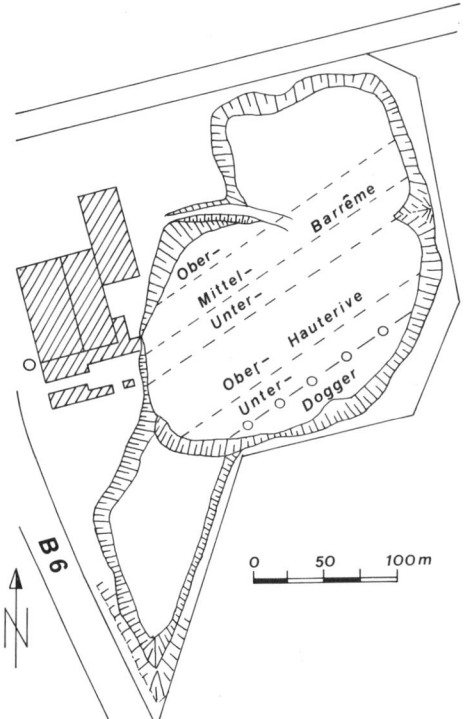

Abb. 12.8. Tongrube der Zgl. Moorberg bei Sarstedt (nach MUTTERLOSE 1973).

Barrême	Ob.	Parancyloceras bidentatum Parancyloceras scalare	
		Simancyloceras stolleyi	
	Mittl.	„Ancyloceras" innexum Simancyloceras pingue	
		Paracrioceras denckmanni	
		Paracrioceras elegans	
	Unt.	„Hoplocrioceras" fissicostatum	
		„Hoplocrioceras" rarocinctum	
Hauterive	Ob.	Simbirskites (Craspedodiscus) discofalcatus	
		Simbirskites (C.) gottschei	
		Simbirskites (Milanowskia) staffi	
		Simbirskites (Speetoniceras) inversum	
	Unt.	Endemoceras regale	
		Endemoceras noricum	
		Endemoceras amblygonium	

Gliederung des Hauterive und Barrême in Deutschland (mit Leitammoniten).

gliederung erfolgt durch Ammoniten und Belemniten (*Oxyteuthis*, Abb. 12.11), wobei die Ammoniten durch ihre häufig schlechte Erhaltung problematische Leitfossilien darstellen (siehe Fossilliste).

Dogger beta (Ob. Aalen): Ca. 25 m mächtige Schichten schwarzgrauer Tonsteine mit großen Geoden, die gut ausgebildete Mineralien (Siderit, Baryt, Coelestin, Zinkblende) und Fossilien führen (*Inoceramus polyplocus, Ludwigia* u. a.). In einer dünnen Lage treten die Stielglieder der Seelilie *Isocrinus* sehr häufig auf (Abb. 7.10). Nicht selten sind auch Bruchstücke des „Riesenbelemniten" *Megateuthis sp.*

Unt. Hauterive: Die Basis des Unt. Hauterive zum Dogger wird von einem ca. 2 m mächtigen Transgressionshorizont aus oolithischem Eisenerz mit der Muschel *Panopea gurgitis* gebildet. In den folgenden dunklen Tonen (ca. 26 m) sind die Fossilien teilweise verkiest oder als schlecht zu bergende Steinkerne erhalten. In den oberen Bereichen werden die Schichten mergeliger. Typische Fossilien sind die Ammoniten *Endemoceras regale, E. amblygonium, Acanthodiscus ebergensis. A. bivirgatus* WEERTH, *A. vaceki*, die Belemniten *Acroteuthis subquadratus* und in kleinen Geoden die Krebse *Mecochirus ornatus* PHILLIPS (Abb. 12.5 T) und *Hoploparia dentata* (ROEMER). In den oberen Lagen tritt bereits häufig die Muschel *Thracia phillipsi* ROEMER auf.

Ob. Hauterive: Diese dunklen Tonsteine (ca. 45 m) führen nach Art und Individuenzahl wesentlich mehr Fossilien. Die Grenze zum Unt. Hauterive ist als helles Band auszumachen. Das Ob. Hauterive beginnt mit den *Aegocrioceras*-Schichten, der früheren „capricornu-Zone". Sie enthalten an Ammoniten verschiedene *Aegocrioceras*-Arten und Simbirskiten, massenhaft die Muschel *Thracia phillipsi*, weiterhin den Belemniten *Hibolites jaculoides* und die typischen, aufgerollten Röhren von *Rotularia phillipsi* (ROEMER). In

Abb. 12.9. Tongrube der Zgl. Moorberg bei Sarstedt. Südost-Grubenwand mit den dunklen Tonen des Dogger (Ob. Aalen und Unt. Bajoc). Foto F. J. Krüger (Nov. 1981).

einer 0,5 m mächtigen Lage direkt über den *Aegocrioceras*-Schichten finden sich unzerdrückte, pyritisierte Simbirskiten. In den höheren Schichten wird der Erhaltungszustand der Fossilien immer schlechter.

Barrême: Die Grenze vom Hauterive zum Barrême markiert das Einsetzen von *Hoplocrioceras rarocinctum;* die stratigraphisch wichtigen Simbirskiten werden hier immer seltener. Die ca. 50 m Barrême sind in der gleichen Fazies entwickelt wie das Hauterive. Eine Ausnahme bilden die schieferartigen Blättertone (ca. 5 m) des Unt. Barrême mit auffällig vielen Fischresten wie Schuppen, Wirbeln und Zähnen. Das Barrême enthält

Abb. 12.10. Der bekannteste Vertreter der Mecochiridae ist *M. longimanatus* SCHLOTHEIM 1820 aus dem Malm zeta von Solnhofen. 1 Cervicalfurche; 2 Cephalothorax; 3 Abdomen; 4 Rostrum; 5 Subchela des zweiten Pereiopoden; 6 Propodus des ersten Pereiopoden; 7 Dactylus; 8 Abdominalsomiten; 9 Uropoden; 10 Telson.

Abb. 12.11 (rechts). Evolution der Gattung *Oxyteuthis* STOLLEY in der NW-deutschen Unterkreide (nach ERNST 1977).

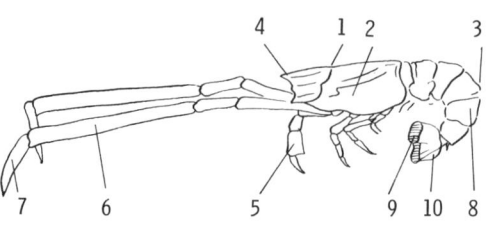

Sedimentationsraum

Die Sedimente entstanden teilweise in einem Flachmeer mit wechselnden Lebensbedingungen. So verraten die unteren Schichten des Hauterive ein lebensfreundliches, gut durchlüftetes Milieu; darauf folgte sauerstoffarmes Wasser, das wiederum von günstigen Bedingungen mit einer reichen Fauna abgelöst wurde. Die einzelnen Ablagerungsfolgen sind von geringer Mächtigkeit.

eine markante Belemnitenfauna (die auch zur stratigraphischen Feingliederung geeignet ist), z. B. *Oxyteuthis pugio, O. brunsvicensis* (Abb. 12.11). *Hibolites varians* und *Aulacoteuthis sp.* Die Tonsteinfolge ist ebenso entwickelt wie das Barrême in der Tongrube Gott.

Apt und Alb: Die Schichten von Apt und Alb sind im nördlichsten Grubenteil aufgeschlossen. Sie führen keine Makrofossilien; ihre Zonierung gelang durch die Bearbeitung der Mikrofauna (Foraminiferen).

Präparation

Die Fossilien sind in der Mehrzahl schlecht erhalten und zerdrückt, besonders die Ammoniten; ausgenommen die Fossilien aus den Geoden und die Belemniten-Rostren. Die Präparation beginnt bereits während der Bergung mit Taschenmesser, Sprühlack und – gelegentlich – einer Festigungsmasse (z. B. Gips). Auch in altbekannten Aufschlüssen können immer wieder seltene Fossilien gefunden werden, hier z. B. der Krebs *Astacodes falcifer* BELL aus dem Unt. Hauterive.

Fossilien aus der Ziegelei Moorberg

UH Unter-Hauterive; OH Ober-Hauterive, B Barrême

Gastropoda
unbestimmbare Reste

Bivalvia
Aetostreon latissimum (LAMARCK) (syn. *Exogyra couloni* DEFRANCE) UH, *Arca carinata* UH, *Camptonectes cinctus* (SOWERBY) UH, *Panopea gurgitis* (BRONGNIART) UH, *Pecten sp.* UH, OH, B, *Pinna pyramidaliformis* B, *Thracia phillipsi* ROEMER UH, OH, B

Nautiloidea
Nautilus germanicus OH

Ammonoidea
Acanthodiscus vaceki (NEUMAYR & UHLIG) OH, *A. ottmeri* UH, *A. radiatus* (BRUGUIERE) UH, *A. sp.* UH, *Aconeceras sp.* B, *Aegocrioceras capricornu* (ROEMER) OH, *A. quadratum* OH, *Crioceras hildesiense* OH, *C. sp.* OH, *C. seeleyi* OH, *Craspedodiscus te-*

128

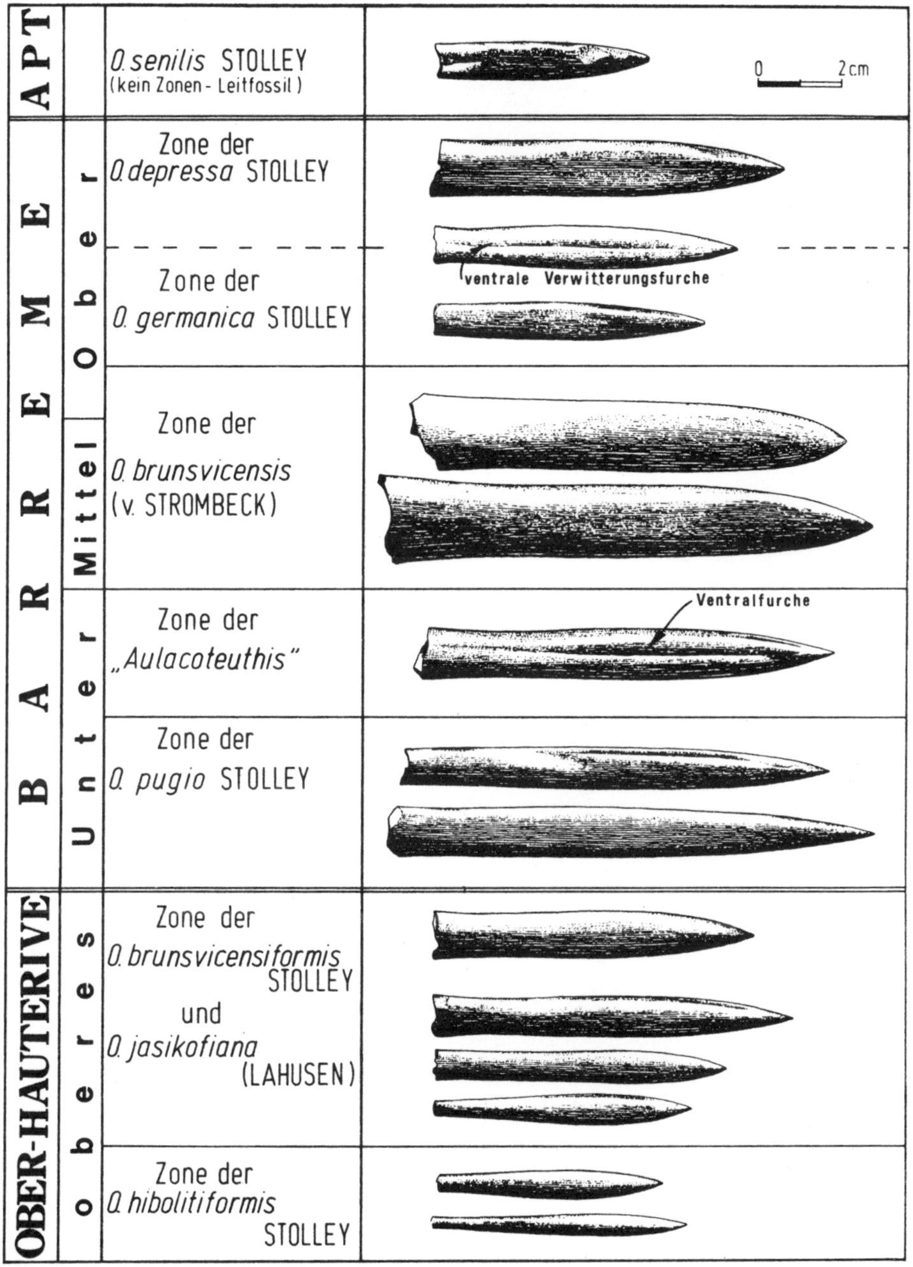

APT		O.senilis STOLLEY (kein Zonen-Leitfossil)	
B A R R E M E	**Ober**	Zone der O.depressa STOLLEY	
		ventrale Verwitterungsfurche	
		Zone der O. germanica STOLLEY	
	Mittel	Zone der O. brunsvicensis (v. STROMBECK)	
	Unter	Ventralfurche Zone der „Aulacoteuthis"	
		Zone der O. pugio STOLLEY	
OBER-HAUTERIVE	**oberes**	Zone der O. brunsvicensiformis STOLLEY und O. jasikofiana (LAHUSEN)	
		Zone der O. hibolitiformis STOLLEY	

0   2 cm

129

nuis OH, *C. gottschei weerthi* (KOENEN) OH, *C. gott-schei extremus* OH, *Craspedodiscus sp.* OH, *Crio-ceras sp.* B, *Endemoceras amblygonium* (NEUMAYR & UHLIG) UH, *E. noricum* (ROEMER) UH, *E. regale* (PAVLOW) UH, *E. sp.* UH, *Simbirskites staffi* OH, *S. decheni* (ROEMER) OH

Belemnitida
Acroteuthis subquadratus (ROEMER) UH, *Hibolites jaculoides* SWINNERTON UH, OH, *H. varians* B, *Oxy-teuthis pugio* STOLLEY B (Abb. 12.11), *O. brunsvi-*censis (STROMBECK) B (Abb. 12.11), *Aulacoteuthis sp.* B

Vermes
Rotularia phillipsi (ROEMER) OH, B, *Serpula sp.* OH

Decapoda
Astacodes falcifer BELL UH, *Hoploparia dentata* (ROEMER) UH, *Mecochirus ornatus* (PHILLIPS) UH

Pisces
Fischreste, Schuppen, Zähne, Wirbel B

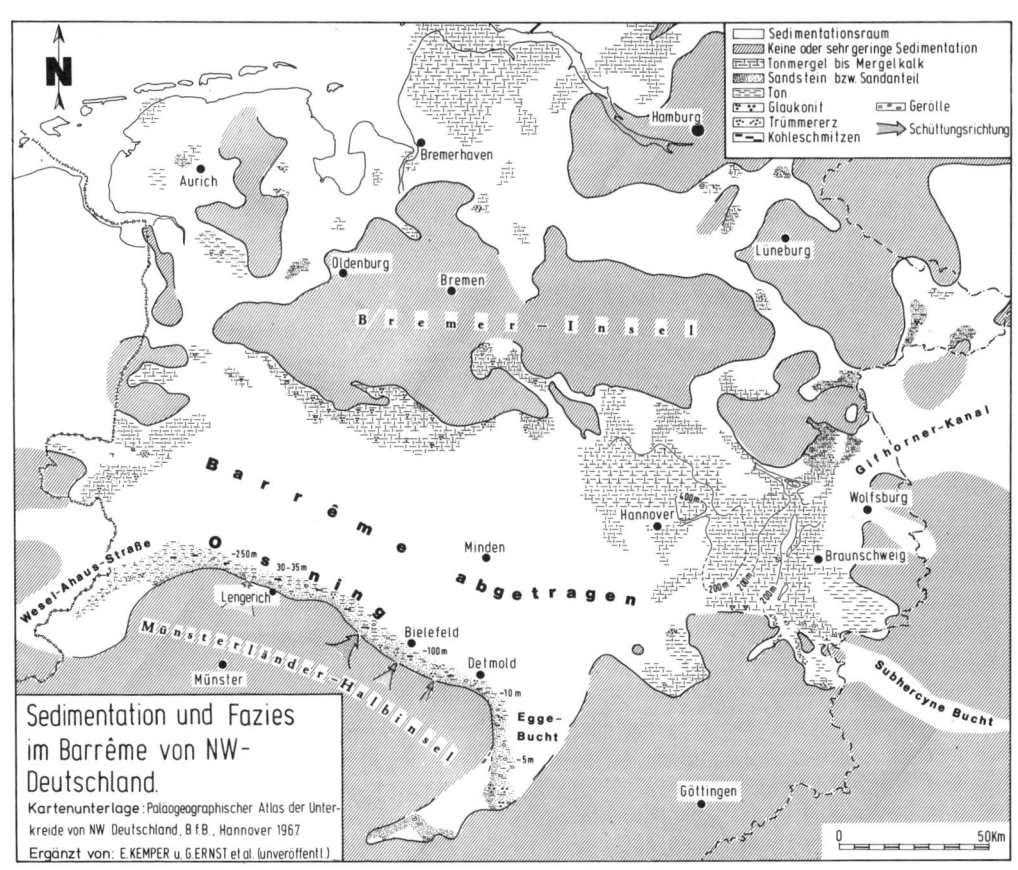

Sedimentation und Fazies im Barrême von NW-Deutschland.

Kartenunterlage: Paläogeographischer Atlas der Unter-kreide von NW Deutschland, B f B , Hannover 1967
Ergänzt von: E.KEMPER u. G.ERNST et al. (unveröffentl.)

Tongrube Gott in Sarstedt

Zielstrebiges Sammeln führt zum Erfolg – und der schönste Erfolg für einen Sammler ist die Entdeckung eines bisher unbekannten Fossils, das er der wissenschaftlichen Bearbeitung zugänglich machen kann. Einige Beispiele aus der jüngsten Zeit zeigen, daß die neue Art vielfach den Namen des Entdeckers erhält. So wurde kürzlich im Barrême der Zgl. Gott eine neue Bryozoe gefunden, die die Aufstellung einer neuen Gattung und Art erforderlich machte: *Poroplagioecia hartungi* WEITSCHAT & VOIGT 1982 heißt die neue Bryozoe, nach dem Finder H. Hartung.

Die Tongrube der Sarstedter Dachsteinfabrik Gott befindet sich an der Westflanke des Sarstedt-Lehrter Salzstockes (ca. 1,5 km N Ziegelei Moorberg, siehe Karte S. 125). Sie erschließt in ca. 120 m das gesamte Barrême (Unterkreide). Das Hauterive im Liegenden ist fraglich, das Apt und Alb im Hangenden für uns von untergeordneter Bedeutung. Die Schichten fallen mit ca. 25° nach WNW ein.

Stratigraphie und Fossilien

Unt. Barrême: Ca. 16 m mächtige dunkelgraue Tonsteinlagen mit *Crioceratites* und der „Blätterton-Fazies" mit den typischen Fisch-

Abb. 12.12. Skizze der Tongrube Gott in Sarstedt mit dem Ammoniten *Paracrioceras elegans* (KOENEN) aus dem unteren Mittelbarrême (nach KEMPER 1975 u. a.).

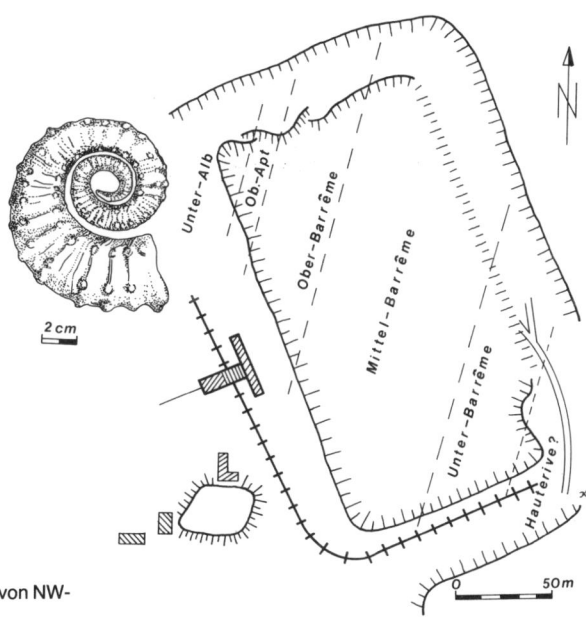

Abb. 12.13 (links). Paläogeographie des Barrême von NW-Deutschland.

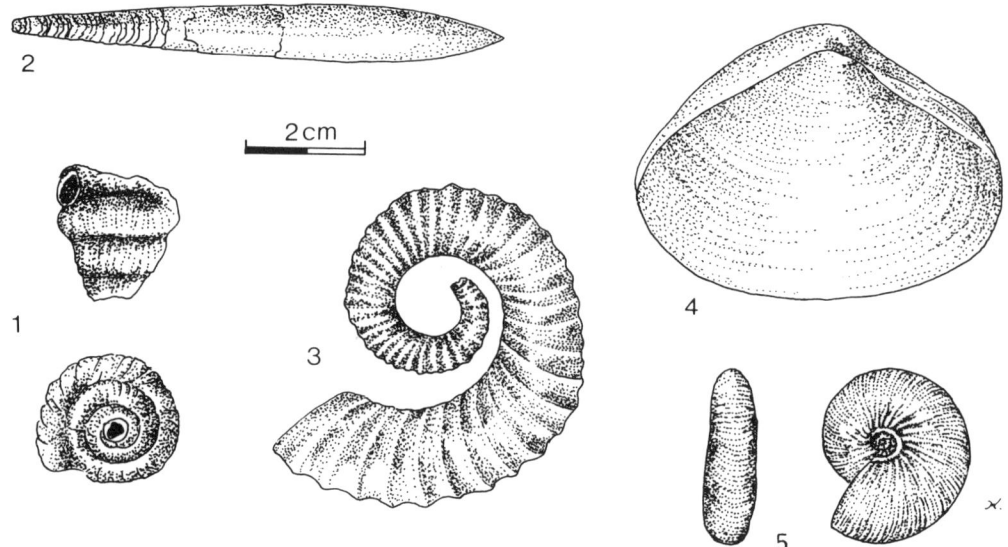

Abb. 12.14. Fossilien aus dem Hauterive (Unterkreide): 1 *Rotularia phillipsi* (ROEMER); 2 *Hibolites jaculoides* SWINNER-TON; 3 *Crioceratites sp.*; 4 *Thracia phillipsi* ROEMER; 5 *Simbirskites sp.*

resten, dünnschaligen Inoceramen und dem Belemniten *Aulacoteuthis* (siehe Fossilliste).

Mittl. Barrême: Graue Tonsteine in ca. 13 m Mächtigkeit. Im unteren Bereich noch mit dünnen Blätterton-Lagen, die von hellen Mergeltonbänken im Wechsel mit dunklen Schichten überlagert werden. Bioturbationen (von lebenden Organismen verursachte Strukturen) und der leitende Belemnit *Oxyteuthis brunsvicensis* kennzeichnen diese Serien.

Ob. Barrême: Dunkelgraue Tonsteine wechseln mit hellen Mergeltonbänken; Gesamtmächtigkeit ca. 25 m. Im oberen Teil erscheinen unregelmäßig gelagerte, große Konkretionen. Eine ca. 4 m mächtige schwarze Tonsteinlage leitet über in das Ob. Apt, das sich mit bunten Mergeltonen fortsetzt.

Die Fossilien sind vielfach pyritisiert; Ammoniten zeigen Kalkschalenerhaltung. Größere Ammoniten können ohne Gipsumbettung kaum geborgen werden. Der fortschreitende Abbau legt immer wieder neue Fossilien frei.

Fossilien aus dem Barrême der Tongrube Gott

A Ammonoidea, **B** Belemnitida, **Bv** Bivalvia, **Br** Brachiopoda,
E Echinoidea, **G** Gastropoda, **V** Vermes

Unter-Barrême
A *Hoplocrioceras, Paracrioceras sp.*
B *Hibolites varians, Aulacoteuthis, Oxyteuthis*
Bv *Thracia phillipsi* ROEMER, *Camptonectes cinctus* (SOWERBY), *Oxytoma cornueliana* (ORBIGNY), *Exogyra couloni* (DEFRANCE)
Br diverse Spezies
G diverse unbestimmte Arten
E *Rhabdocidaris*-Stacheln
V *Rotularia phillipsi* (ROEMER), *Serpula sp.*

Mittel-Barrême
A *Callizoniceras hoyeri, Aconeceras sp., Paracrioceras elegans* (KOENEN), *P. sp.*
B *Oxyteuthis brunsvicensis* (STROMBECK), *O.* cf. *germanicus* STOLLEY, *Hibolites varians*

Bv *Pinna sp.*
G *Tessarolax ("Aporrhais") bicarinata*
V *Rotularia phillipsi* (ROEMER), *Serpula sp.*

Ober-Barrême
A *Aconeceras sp. sp., Ancyloceras* (diverse Spezies), *Crioceras*
B *Oxyteuthis germanicus* STOLLEY, *O. depressus* STOLLEY
G *Tessarolax sp.*

(Zusammengestellt nach KEMPER 1956 und POCKRANDT 1974.)

Literatur

BÄHR, H. H. (1964): Die Gattung Simbirskites (Ammonoidea) im Ober-Hauterive Nordwestdeutschlands. Diss. TU Braunschweig

BETTENSTAEDT, F., DIETZ, C. (1957): Tektonische und erdölgeologische Untersuchungen im Raum Lehrte östlich Hannover. Geol. Jb. 74, 463—522

ERNST, G., LUTZE, G.-F. (1972): Stratigraphie und Sedimentologie der Kreide zwischen Hannover und Sarstedt. Exkursion C, 124. Hauptverlg. Dt. Geol. Ges. Braunschweig, 1—29

HARMS, F.-J. (1973): Der Sarstedt-Lehrter Salzstock. Arbeitskreis Paläontologie Hannover 1, H. 6, 1—8

KÄDING, K.-CH. (1978): Stratigraphische Gliederung des Zechsteins im Werra-Fulda-Becken. Geol. Jb. Hessen 106, 123—130

KRÜGER, F. J. (1972): Krebsfunde aus der Unterkreide. Aufschluß 23, H. 7/8, 253—256

MUTTERLOSE, J. (1973): Der Unterkreideaufschluß Moorberg bei Sarstedt. Arbeitskreis Paläontologie Hannover 1, H. 2, 1—11

POCKRANDT, W. (1974): Die Tongrube der Ziegelei Otto Gott in Sarstedt. Arbeitskreis Paläontologie Hannover 2, H. 3, 11—13

SCHNEIDER, F. K. (1964): Erscheinungsbild und Entstehung der rhythmischen Bankung der altkretazischen Tongesteine Nordwestfalens und der Braunschweiger Bucht. Fortschr. Geol. Rheinld. Westf. 7, 353—382

Salzlagerstätten
BORCHERT, H. (1959): Ozeane Salzlagerstätten. Grundzüge der Entstehung und Metamorphose ozeaner Salzlagerstätten sowie des Gebirgsverhaltens von Salzgesteinsmassen. Borntraeger, Berlin

HERRMANN, A. G. (1981): Grundkenntnisse über die Entstehung mariner Salzlagerstätten. Aufschluß 32, H. 2, 45—72 (mit weiterer Literatur)

KÜHN, R. (1953): Tiefenberechnung des Zechsteinmeeres nach dem Bromgehalt der Salze. Dt. Geol. Ges. 105, 646—663

— (1959): Die Mineralnamen der Kalisalze. Kali u. Steinsalz 2, 331—344

— (1979): Diagenese in Evaporiten. Geol. Rdsch. 68, 1066—1075

RICHTER-BERNBURG, G. (1953): Über salinare Sedimentation. Z. Dt. Geol. Ges. 105, 593—645

TRUSHEIM, F. (1957): Über Halokinese und ihre Bedeutung für die strukturelle Entwicklung Norddeutschlands. Z. Dt. Geol. Ges. 109, 111—151

13 Das Cenoman von Wunstorf

Die Kalkmergelgrube bei Wunstorf stellt wegen ihres Fossilreichtums und der guten Aufschlußverhältnisse eines der wichtigsten Cenoman-Profile in Niedersachsen. Sie erschließt das gesamte Cenoman in ca. 200 m Mächtigkeit.

Anfahrt: Die Kalkmergelgrube liegt in der Nähe der Ausfahrt Kolenfeld in dem Dreieck, das die A 2 (Hannover−Köln) mit dem Mittellandkanal bildet. Die Genehmigung zum Betreten der Grube ist bei der Betriebsleitung einzuholen (NORDCEMENT AG, Werk Wunstorf, 3050 Wunstorf).

Aufschluß: Das Obercenoman ist nur sehr geringmächtig entwickelt und grenzt an das Unterturon, das im westlichen Grubenteil ansteht und an der markanten, schwarz-weißen Wechselfolge seiner Sedimente zu erkennen ist. In der NW-Ecke der Grube sind die Schichten des Untercenoman angeschnitten, die in das Mittelcenoman übergehen. Wo die

Grenze zwischen Unter- und Mittelcenoman liegt, konnte bisher noch nicht genau festgestellt werden.

Da der Abbau nicht weiter in Richtung Mittellandkanal vorangetrieben werden kann, wurde in Grubenmitte eine zweite Sohle aufgefahren und dabei die *„primus*-Schicht" des unt. Mittelcenoman (nach *Actinocamax primus*, Abb. 13.11) angeschnitten.

Stratigraphie

Das Cenoman ist in Mergelkalk-Fazies ausgebildet und erscheint als Wechselfolge von hellen Kalkbänken und dunkleren Kalkmergellagen. Die hellen Mergelkalkbänke erreichen eine durchschnittliche Mächtigkeit von 45−50 cm, die dunklen Kalkmergellagen von ca. 10 cm. Die Ursachen derart rhythmischer Sedimentabfolgen sind noch unklar. Im NE-Teil der Grube wird dieser Sedimentationsrhythmus undeutlicher.

Das Vorkommen ist aufgrund seiner Randsenkenlage zu den Salzstöcken der Steinhuder-Meer-Linie in außergewöhnlicher Mächtigkeit entwickelt. Aus den Sedimentationsverhältnissen wird geschlossen, daß es gleichzeitig mit der Sedimentation zu Salzabwanderungen in Richtung der Achse des langgestreckten Salzstockes (Langhorstes) kam. Profilaufnahmen stammen von SCHMID (1956; unveröffentlicht), AL-MALAZI (1972) sowie KLISCHIES & KRÜGER (1975−1978, unveröf-

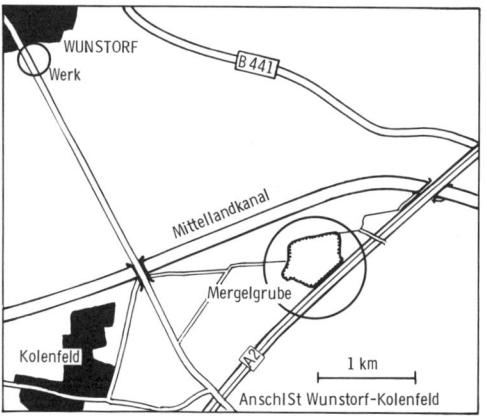

fentlicht) und ergaben ca. 800 Kalk- und Mergellagen. Umfangreiche, horizontierte Fossilaufsammlungen wurden vorgenommen. Eine genaue faunistische und stratigraphische Auswertung steht indes noch aus.

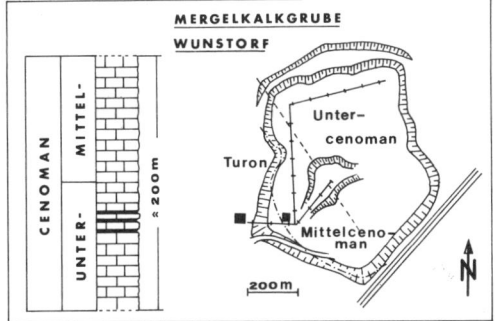

Abb. 13.6 a. Grubenskizze und generalisiertes Profil der Kalkmergelgrube Wunstorf.

Abb. 13.6 b. Abbau auf der 2. Sohle, Anschnitt der *primus*-Schicht. Blickrichtung NW.

Fossilien

Die Fossilien lassen sich mit Bürste und Nadel säubern; bei besonders festen Kalken verfährt man vorteilhaft nach der Ätzmethode mit Kaliumhydroxid (Ätzkali). Achtung! Die Kaliumhydroxidlauge ist stark ätzend und entwickelt gesundheitsschädliche Dämpfe! (Siehe WURZBACHER 1979; PIETRAS 1981.)

Schwämme kommen selten vor, sind schlecht erhalten, häufig in Markasit umgewandelt und kaum bestimmbar.

Auch die Korallen treten in den Kalkmergeln selten auf. Mehrfach wurden in der *primus*-Schicht die beiden Gattungen *Microbacia* (Abb. 13.3 T) und *Onchotrochus* gefunden.

Röhrenwürmer (Serpulidae) finden sich vereinzelt im Sediment (Rotularia) oder etwas häufiger auf sekundäre Hartgründe aufgewachsen (Echiniden). Aufmerksamkeit verdienen die mit Fischschuppen und anderen Resten ausgekleideten Grabbauten von *Terebella lutensis* BATHER.

Moostierchen (Bryozoa) sind fast ausschließlich als Aufwuchs (Epizoen) von Seeigeln zu finden. VOIGT konnte 12 Gattungen identifi-

Abb. 13.7. Fossilien aus dem Mittl. Cenoman, direkt dem Anstehenden entnommen. Von links nach rechts: *Hemiaster griepenkerli* STROMBECK, verdrücktes Exemplar; *Actinocamax primus* ARKHANGELSKY im Sediment; *Acompsoceras sp.*

Abb. 13.8. *Acanthoceras rhotomagense* (DEFRANCE), Leitfossil der *rhotomagense*-Zone (Mittl. Cenoman), besitzt breitgerundete Rippen; der Außenbug ist zu starken Knoten verdickt, die Rippen sind mit 2−3 Knotenreihen besetzt. Slg. C. & P. Sommer.

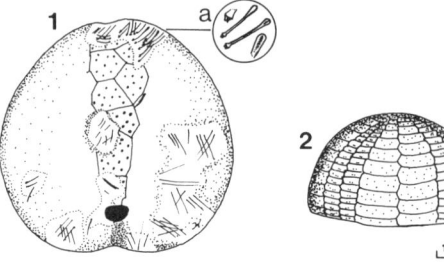

Abb. 13.9. *Sternotaxis trecensis* (LEYMERIE): 1 Oralansicht eines ungewöhnlich großen Exemplares mit gut erhaltenen Stacheln aus dem Cenoman von Wunstorf. a. Vergrößert gezeichnete Löffelstacheln, wie sie auch von *Echinocorys* bekannt sind. In den anderen Partien, in denen ebenfalls Stacheln auf der Oberseite erhalten geblieben sind, konnten keine weiteren Löffelstacheln nachgewiesen werden. 2 Jüngeres Exemplar.

3cm

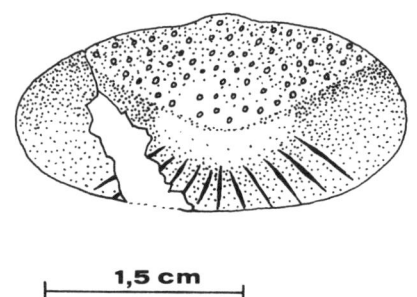

1,5 cm

Abb. 13.10. Große Fischschuppe aus dem Cenoman von Wunstorf (nicht bestimmt).

136

zieren (briefliche Mitteilung); bei *Proboscina n.sp.* fällt besonders der Saum von Kenozooecien auf, der sonst bei den Proboscinen fehlt (Abb. 13.13).

Von den Hängen und Schuttkegeln können kleine Brachiopoden abgesammelt werden. *Terebratulina, Magas* und *Orbirhynchia* zählen zu den gewöhnlichen Funden. Die größeren Gattungen sind *Concinnithyris* und *Grasirhynchia*.

Bei den Muscheln (Bivalvia) dominieren Inoceramen, ausgezeichnete Leitfossilien, aber nicht immer leicht zu bestimmen. Mit zahlreichen Arten und Unterarten stellen sie die größte Fossilgruppe. Inoceramen kommen in Schalenerhaltung vor; doch sind die Schalen so dünn und zerbrechlich, daß sie meistens im Gestein hängenbleiben und nur der Steinkern geborgen werden kann. Nicht selten ist *Inoceramus crippsi* mit ca. 3 Unterarten (Abb. 13.17/5); *Inoceramus virgatus* SCHLÜTER und *I. tenuis* MANTELL (Abb. 13.17/4) sind zusammen mit *Acanthoceras rhotomagense* und *Schloenbachia varians* leitend für das Unter- und Mittelcenoman. Andere Muscheln treten seltener auf. Neben Austern *Exogyra* und *Plicatula* (Abb. 13.17/2) lassen sich noch einige *Pecten* (Schwimmuscheln) finden. Pycnodonten siedeln einzeln oder in kleinen Kolonien auf den Coronen von *Holaster subglobosus*.

Schnecken (Gastropoda) sind selten; sie kommen in markasitischer Erhaltung vor und sind kaum zu bestimmen.

Die wichtige Klasse der Cephalopoden vertreten Nautiliden, Ammoniten und Belemniten. *Nautilus* erscheint mit vier Arten. Die Gehäuse-Steinkerne sind in der Regel stark zerdrückt, aber noch bestimmbar. Ammoniten stellen neben den oben genannten Inoceramen die wichtigsten Leitfossilien für die Untergliederung des Cenoman dar. *Schloenbachia varians* (Abb. 13.12) kennzeichnet zusammen mit *Mantelliceras mantelli* das Unt. Cenoman nach der neuen Gliederung (ERNST & SCHMID 1979). Die Schloenbachien variieren bis zu absonderlich bestachelten Arten wie *Schloenbachia varians aff. ventricosa* STIELER (sehr selten). *Mantelliceras mantelli* ist an den starken Rippen, die am Nabel und auf den Flanken schwache Knoten aufweisen können, und an der Knotenreihe am Außenbug gut zu erkennen. *Acanthoceras rhotomagense* DEFRANCE (Abb. 13.8) ist in der *rhotomagense*-Zone, also im gesamten Mittelcenoman leitend. Da die weiße Kalkfazies des Obercenoman sonst sehr fossilarm ist, wurde dieser Bereich früher als „Arme *rhotomagense*-Schichten" bezeichnet. Neben den Leitammoniten kommen noch *Puzosia* und die größeren *Austeniceras* und *Acompsoceras* (Abb. 13.7) vor, ferner Baculiten, die „turmschneckenartig" aufgerollten Turriliten, z. B. *Turrilites costatus* (Abb. 13.17/1), *Turrilites cenomanensis, Hypoturrilites tuberculatus,* und die meist kleinwüchsigen Scaphiten und Anisoceraten.

Der Belemnit *Actinocamax primus* ARKHANGELSKY (Abb. 13.11) konnte in der *primus*-Schicht der 2. Abbausohle 1978 erstmals nachgewiesen werden (KRÜGER 1979) und wird seitdem häufiger gefunden. Ein Einzelfund ist bisher *Belemnocamax boweri* (ZAWISCHA 1980; Abb. 13.11). Selten ist der Zehnfüßerkrebs *Notopocorystes normani* (BELL) (Abb. 13.17/3, 13.14), er weist auf Zusammenhänge mit dem englischen Cenoman hin (FÖRSTER 1970, FINZEL 1964).

Von den Echinodermen sind Stielglieder der Seelilien sowie Randplatten (Marginalien) von Seesternen selten, kaum zu bestimmen und stratigraphisch ohne Bedeutung. Dagegen zählen die zahlreichen Vertreter der Klasse Echinoidea zu den interessantesten und schönsten Fossilien von Wunstorf. Besonders begehrt sind bei den Sammlern die regulären Seeigel. Vom seltenen *Stereocidaris* sind einzelne Stacheln und Coronenbruchstücke, kaum ganze Coronen zu finden. Eine Rarität

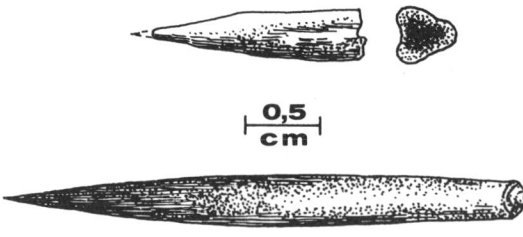

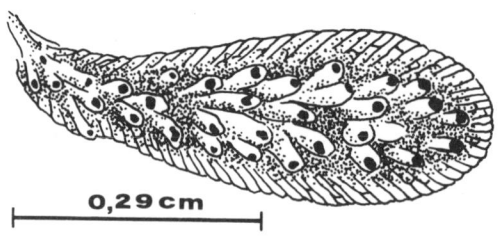

Abb. 13.13. Auf einem Holaster aufgewachsene Bryozoe *Proboscina* mit randlichem Saum von Kenozooecien.

Abb. 13.11. Oben: *Belemnocamax boweri* CRICK, ein sehr seltener Belemnit, der bisher nur aus dem englischen Cenoman bekannt war (nach ZAWISCHA 1980). Unten: *Actinocamax primus* ARKHANGELSKY 1912 aus der *primus*-Schicht der 2. Sohle von Wunstorf; Mittl. Cenoman (siehe KRÜGER 1979).

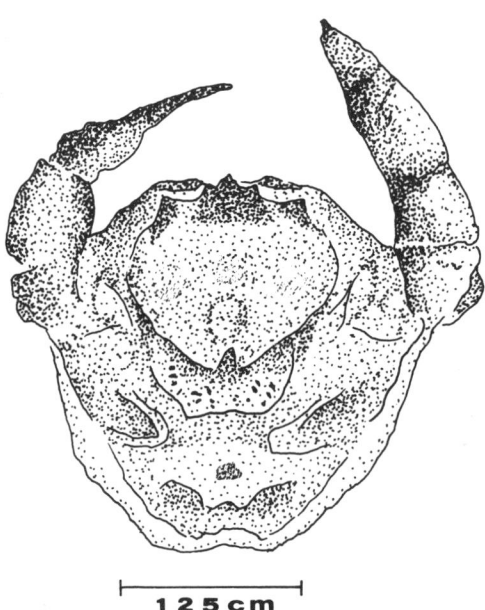

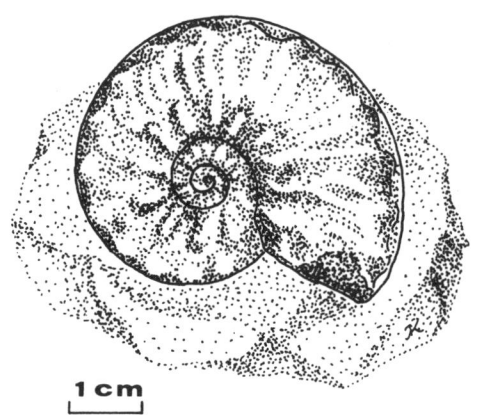

Abb. 13.14. *Notopocorystes normani* (BELL 1863), bis 1970 nur in einem Exemplar aus dem Unt. Cenoman der Isle of Wight bekannt. Dann wurde im Cenoman von Wunstorf ein Exemplar mit Scheren in ausgezeichneter Erhaltung gefunden, das erst als *Dromiopsis* gedeutet wurde (FINZEL 1964). An ihm konnten ergänzende Beobachtungen gemacht und der Originalbeschreibung BELLS hinzugefügt werden (FÖRSTER 1970). Seitdem gelangen noch weitere Funde von *N. normani*. Zeichnung nach dem Fund von FINZEL, der im Niedersächsischen Landesmuseum in Hannover ausgestellt ist.

Abb. 13.12. *Schloenbachia varians* (SOWERBY), wichtige Leitform des Cenoman, *varians*-Schichten.